QUE SAIS-JE?

Les écosystèmes

SERGE FRONTIER
Professeur émérite à l'Université de Lille I

ISBN 2 13 050072 2

Dépôt légal — 1re édition : 1999, août

108, boulevard Saint-Germain, 75006 Paris

INTRODUCTION

Le terme *écologie*, créé par Haeckel (1866) à partir du mot grec οικος : « maison », désigne à l'origine l'étude des *habitats naturels des espèces vivantes.*

L'habitat d'une espèce comprend un *environnement physico-chimique* (« milieu ambiant » ou « biotope ») favorable à sa survie et à sa reproduction, et un *environnement biologique*, fait des nombreuses autres espèces peuplant en même temps ce milieu. Chaque espèce interagit avec les voisines (faiblement ou fortement, directement ou indirectement, avec effets immédiats ou différés...). L'ensemble de ces interactions constitue un réseau d'interrelations généralement complexe, adaptatif, souvent évolutif. Par ailleurs chaque espèce modifie son environnement physico-chimique et biologique d'une façon qui lui propre, et qui lui est souvent (mais pas toujours) favorable.

Toute modification de milieu – due à des causes extérieures, ou conséquence de l'activité de certaines espèces – se répercute sur la totalité du peuplement, modifiant la nature ou l'intensité des interactions et les conditions de vie. Conséquence immédiate : aucune écologie scientifique ne saurait être celle d'*une* espèce, fût-ce la nôtre. L'analyse est d'emblée multispécifique et orientée vers la compréhension de *systèmes* d'actions réciproques reliant entre elles les différentes catégories biologiques en présence, et celles-ci au milieu physique.

De tels systèmes (appelés *écosystèmes* par Tansley dès 1935) sont organisés pour persister, évoluer et s'adapter. Ils représentent des niveaux particuliers de l'organisation vivante, intermédiaires entre les niveaux des organismes individuels (physiologies) et de leurs populations (structures démographiques, génétiques...) – où l'enjeu est la survie de l'espèce –, et celui de la biosphère terrestre – où l'enjeu est la persistance du phénomène vivant lui-même, au prix, parfois, de disparitions et de remplacements d'espèces ou d'écosystèmes (la stratégie n'étant pas la même d'un niveau d'organisation à l'autre !).

L'écologie, dans sa version médiatisée, est aujourd'hui synonyme de *science de l'environnement*, et particulièrement *de l'environnement humain*[1] dans la mesure où il est porteur de problèmes sociaux et économiques aigus (cadre de vie, ressources renouvelables ou non, déchets, bruit, santé...). Cependant, un ciblage trop exclusif sur l'écologie de l'homme (ou de toute espèce particulière déclarée « utile » ou « nuisible »... à l'homme, et trop souvent dans une perspective à court terme) ne peut que trahir son objectif, en n'accordant pas l'attention nécessaire à l'*ensemble interactif* formé par les actions des différentes espèces et les réactions du milieu. La complexité d'un tel ensemble apparaît vite. Au-delà d'un très petit nombre d'espèces et d'un très petit nombre de propriétés du milieu, tout modèle conceptuel simple est dépassé par la réalité. En effet, les systèmes constitués de peu d'éléments interactifs n'ont ni les mêmes propriétés, ni les mêmes dynamiques, ni les mêmes évolutions que ceux comprenant beaucoup d'éléments... or dans la nature, hors circonstance exceptionnelle, les systèmes vivants ne comprennent jamais « peu » d'éléments ! Leur abord, dès lors, passe par une *vision systémique* dont nous nous proposons de dégager, dans les pages qui suivent, les lignes essentielles.

Depuis 1970, le nombre d'articles scientifiques de haut niveau, de colloques et d'ouvrages de synthèse consacrés à l'analyse des systèmes écologiques suit une

1. Le livre collectif *Biométrie et environnement* dirigé par J.-D. Lebreton et B. Asselain (Paris, Masson, 1993) commence par la phrase : « L'environnement, c'est l'environnement de l'homme. »

Voir dans la collection « Que sais-je ? », *L'écologie humaine*, par G. Olivier ; *L'environnement* (humain), par J. Vernier ; *La biodiversité* (sa valorisation par et pour l'homme), par C. Lévêque.

croissance exponentielle[1]. Dans cet effort, les outils conceptuels en plein développement que sont la *Théorie des systèmes* (ou *Systémique*[2]), la *Théorie de la complexité* et la *Théorie de l'auto-organisation* sont désormais incontournables. Nous en donnerons au chapitre I un aperçu, insistant sur les aspects qui éclairent le mieux l'analyse des *écosystèmes* – dont nous donnerons une définition moderne.

Au chapitre II, *dix clés pour l'analyse des écosystèmes* seront proposées. Elles résument notre appréhension actuelle des « structures écologiques », de leur fonctionnement, de leurs évolutions (naturelles ou sous l'impact de l'homme).

Ces dix clés trouveront leur application concrète au chapitre III, dans un tableau rapide de l'*écosystème planétaire* c'est-à-dire du système d'interaction tissé entre la *biosphère* d'une part, et les enveloppes physiques superficielles *(atmosphère, hydrosphère, lithosphère)* de notre planète d'autre part, et ce, à toutes les échelles d'espace et de temps.

Au chapitre IV enfin, nous montrerons que l'homme est un élément et un partenaire à part entière de tout écosystème où il intervient, à toutes les échelles de son activité (y compris, aujourd'hui, l'échelle planétaire). Des conclusions en seront tirées concernant l'impact général de notre espèce sur la biosphère et ses chances de survie sur une planète modifiée : il apparaîtra avec évidence que l'homme doit *maintenant, partout et vite*, apprendre à gérer différemment sa planète.

1. Voir la liste commentée : S. Frontier et A. Leprêtre, Développements récents en théorie des écosystèmes, *Ann. Inst. océanogr.*, Paris, sous presse.

2. Voir dans la collection « Que sais-je ? », *La systémique*, par D. Durand.

Chapitre I

SYSTÈMES ET ÉCOSYSTÈMES : DÉFINITIONS

Une « vision systémique » de l'écologie présuppose une vision claire des concepts généraux de *système* et de *complexité*, qui pénètrent aujourd'hui la plupart des sciences ; nous commencerons donc par les définir.

I. — Définition des *systèmes*

Depuis l'ouvrage fondateur de Von Bertalanffy[1], les *systèmes* ont souvent été redéfinis, souvent en deux étapes :

a) par un premier énoncé laconique, peu variable d'un auteur à l'autre : un système est « un *ensemble d'éléments en interaction* », parfois avec la précision « *éléments interagissant entre eux et éventuellement* (sic) *avec le milieu extérieur* »[2] ;

b) par une liste de propriétés clés, variant sensiblement d'un auteur à l'autre en nombre et en natures. Parmi les caractères permettant de reconnaître, dans un ensemble d'éléments, une structure de système, on cite :

— l'*environnement* (évoqué dès certains « énoncés laconiques » en tant que milieu extérieur interactif) ;
— l'*émergence d'une organisation* ;
— l'*association entre structures et fonctions* ;

1. L. Von Bertalanffy, *General System Theory,* New York, Braziller, 1968, trad. franç. *Théorie générale des systèmes,* Paris, Dunod, 1993 (1re éd. 1973).

2. P. Delattre, *Système, structure, fonction, évolution,* Paris, Maloine, 1985 (1re éd. 1971).

— la *finalité vers un objectif,* liée à la structure organisée elle-même – cette dernière étant l'aboutissement d'une *évolution* créatrice d'*auto-organisation.* La propriété d'évolution dérive elle-même de la structure finalisée, qui est « organisée pour évoluer et s'adapter » (causalité circulaire, ou « boucle entretenue par ses produits » pour reprendre l'expression du sociologue et philosophe Edgar Morin) ;
— l'*autonomie* de l'ensemble – non contredite, mais au contraire corroborée par ses relations indissociables avec un *environnement* bien défini ;
— une *stabilité* (ou *permanence*) suffisante pour que l'entité puisse être identifiée et reconnue au long du temps – mais non incompatible avec une *histoire*, au cours de laquelle la structure peut évoluer et une quantité d'information est *héritée* (*mémoire* du système, liée mathématiquement à des *dynamiques non linéaires*).

Ces propriétés sont constitutives des systèmes, au point si l'une d'elles n'est pas observée sur une entité, la « nature systémique » de cette dernière peut être mise en doute. Chaque auteur, en fait, choisit ses clés en fonction de l'usage qu'il fera du concept. Par cohérence avec la vision écologique (et biologique) que nous allons développer, nous définirons un système comme un *ensemble d'éléments interactifs* (c'est-à-dire tels que le fonctionnement de chacun, voire son existence même, est conditionné par celui des autres) *duquel « émerge » une entité globale nouvelle,* à propriétés non entièrement prévisibles à partir des propriétés des éléments.

Cette définition dépasse largement le cadre biologique : une molécule d'eau H_2O est un *système* en ce que son nuage électronique (qui conditionne *toutes* ses propriétés chimiques) est très éloigné d'une simple « somme » des nuages électroniques des atomes H et O.

Une telle *émergence* se conforme à trois principes généraux, qu'en écho aux deux « principes de la Thermodynamique » nous appellerons les *trois principes de la Systémique* :

1. **Principe de *dépendance interactive*.** — Il découle de la définition donnée ci-dessus. Les « éléments » sont les

unités fonctionnelles du système ; leurs structures et leurs dynamiques dépendent les unes des autres. En conséquence, 1 / aucun d'eux n'est isolable (ou, plus précisément, si on en isole un, on le modifie) ; 2 / on ne peut agir sur l'un d'eux sans répercussions sur les autres. Cette interdépendance est plus ou moins forte, plus ou moins rapide, plus ou moins directe selon les actions. Un effet donné peut être la résultante d'une cascade d'effets intermédiaires – une modification particulière pouvant, à cette occasion, se répercuter sur l'élément de départ (effet de *feed-back*).

2. **Principe d'*émergence d'une entité globale*, nouvelle par rapport aux éléments, et interactive avec son *environnement*.** — De l'ensemble des unités fonctionnelles et de l'ensemble de leurs interactions *émerge* une entité nouvelle, montrant une structure, des propriétés et une dynamique nouvelles par rapport à celles des composantes. Les dynamiques élémentaires sont dites *intégrées* en une dynamique globale différente d'une simple « somme » des premières (c'est l'adage ancien « l'ensemble est *plus* que la somme des parties »).

Par ailleurs, un système n'est jamais isolé ni fermé sur lui-même mais, une fois délimité, manifeste une dépendance interactive vis-à-vis, cette fois, d'éléments extérieurs qui constituent son *environnement*. Celui-ci interagit au niveau des propriétés intégrées de l'entité émergente.

Un environnement chimique réagit à la présence de la molécule H_2O et non aux atomes H et O. Dans le domaine vivant, une physiologie cellulaire *émerge* à partir du système complexe d'interactions entre des molécules de toutes tailles ; une physiologie d'organisme, à partir des interactions entre les organes et les grandes fonctions ; un fonctionnement d'écosystème, à partir des interactions entre des populations d'espèces variées et entre ces dernières et le milieu physico-chimique ; une société, à partir des interactions entre individus, métiers, groupes de pression, etc.

A ce stade, l'ensemble d'interactions peut se schématiser comme suit (fig. 1) :

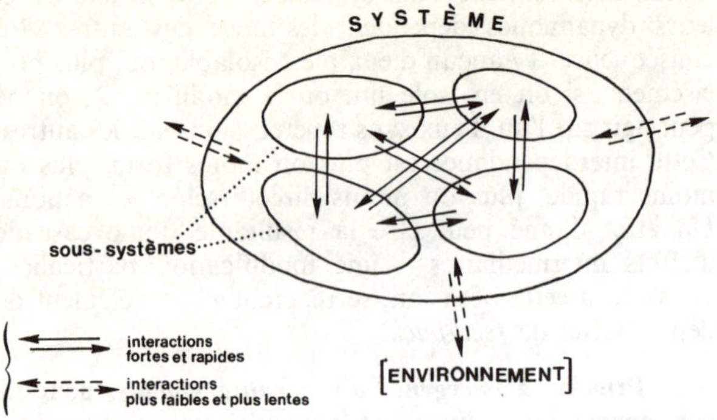

Fig. 1. — Schéma d'un système d'interactions.

3. **Principe d'un *effet en retour du tout sur les parties.*** — Cette troisième caractéristique est moins souvent évoquée ; elle est pourtant essentielle. L'ensemble agit sur les parties en ce sens qu'*un élément ne montre pas le même comportement, la même dynamique, ni la même évolution s'il est isolé* (... à supposer qu'il puisse exister isolé, ce qui n'est pas le cas général) *ou s'il est intégré dans un système.* Dans le second cas, ses performances dépendent du système d'accueil.

En effet, une fois inséré dans le système, l'élément ne réalise pas toutes ses potentialités : il est « bridé » par la dynamique d'ensemble – en sorte qu'Edgar Morin[1] complète l'adage ci-dessus en ajoutant qu'en outre, « le tout est *moins* que la somme des parties ».

Ce « troisième principe » semble reprendre le premier, affirmant que le comportement d'un des partenaires du système dépend de ceux de tous les autres. Mais il le reprend *après* avoir énoncé le « second principe » : l'élément agit ici en fonction de l'ensemble intégré. En d'autres termes, *l'ensemble pilote les parties* en ayant valeur, vis-à-vis de chaque élément, d'un environnement systémique qui le contraint.

1. E. Morin, *La méthode,* I : *La nature de la nature,* Paris, Seuil, 1977.

On distinguera donc soigneusement l'environnement d'un élément fonctionnel, qui est le système dans lequel il s'insère, et l'environnement du système lui-même, constitué d'éléments qui lui sont extérieurs mais avec lesquels il interagit *globalement*. Cette dualité annonce le *principe hiérarchique* dont il sera question plus loin.

L'étude des systèmes pose des problèmes spécifiques par rapport à celle des objets scientifiques moins « intégrés ». Des axiomes précédents découle, par exemple, une *impossibilité* d'*expérimenter,* au sens habituel du terme, sur des systèmes. Depuis Descartes, en effet, on a l'habitude de « diviser et simplifier pour comprendre ». Or si on simplifie un système, ou bien si on en isole un fragment, on dénature à la fois l'élément et le système. La notion d'*analyse d'un système* garde toutefois un sens : il s'agit alors de reconnaître conceptuellement ses parties interactives, et d'en saisir le réseau interactif, sans avoir à les séparer. Dans cette optique, la *modélisation* des systèmes[1] joue un rôle épistémologique et pratique de la plus haute importance.

II. — Complexité

La plupart des *systèmes* naturels (biologiques, psychologiques, socioéconomiques, entreprises, langages naturels...) sont reconnus complexes. Il faut toutefois préciser ce concept, en distinguant notamment ce qui est *complexe* de ce qui est « simplement » *compliqué.* D'après Le Moigne *(loc. cit.),* par exemple, si un ensemble est « compliqué » on peut le simplifier pour découvrir son intelligibilité ; s'il est « complexe », en le simplifiant on le mutile, et pour découvrir son intelligibilité on ne peut que le modéliser.

1. Il nous est impossible de traiter ici de la modélisation des systèmes complexes et des écosystèmes. Pour des exposés récents en langue française, nous renvoyons pour la modélisation des systèmes à J.-L. Le Moigne, *La modélisation des systèmes complexes,* Paris, Dunod, 1993, et pour celle des écosystèmes à P. Coquillard et D. Hill, *Modélisation et simulation d'écosystèmes,* Paris, Masson, 1996.

Nous compléterons l'énoncé précédent des trois « principes de la systémique » par une liste de propriétés des systèmes *complexes*.

1. **Principe d'*organisation en vue d'une fonction collective* et de *diversité nécessaire*.** — Les *êtres organisés* (ainsi appelle-t-on généralement les êtres vivants) sont organisés en vue de survivre, s'adapter et se reproduire. Les fonctions particulières assumées à tous les niveaux de cette organisation s'articulent, se coordonnent et se contrôlent mutuellement – l'enjeu étant la survie de l'ensemble : un système « mal organisé » cesse d'exister à brève échéance.

Cette coordination nécessite une *variété* ou *diversité de types d'interactions* (macromolécules inconcevablement diversifiées dans la moindre cellule vivante ; espèces nombreuses et interactives dans un écosystème ; métiers et rôles dans une société...). Elle différencie profondément un système complexe d'interactions de tout ensemble « compliqué » d'interférences entre éléments identiques (éventuellement innombrables), tels que les molécules d'un gaz, d'où ne peuvent émerger que des propriétés statistiques, non une organisation.

Une grande partie de « l'analyse systémique » consiste à rechercher les règles d'organisation susceptibles d'assurer à la fois coordination des parties et survie de l'ensemble. D'ores et déjà, on peut dégager quelques « grandes lois » communes aux systèmes *complexes*. Quelques-unes sont indiquées ci-après ; d'autres, plus spécifiques, seront évoquées à propos des écosystèmes.

2. **Principe d'*organisation hiérarchique*.** — On constate une structure et un fonctionnement hiérarchiques dans tous les systèmes complexes. Nous en montrerons, sur l'exemple des écosystèmes, la nécessité pour que soient assurées la « stabilité »[1] et la persistance (survie) du sys-

1. Nous montrerons plus loin (chap. II, § IV. 3) l'ambiguïté attachée au terme « stabilité » – que nous emploierons désormais entre guillemets.

tème : un système complexe organisé de façon insuffisamment hiérarchique s'altère, et soit acquiert cette hiérarchie, soit se détruit.

Ce principe découle de la description donnée plus haut des *systèmes*. L'environnement d'un système « perçoit » moins les éléments de celui-ci, que l'entité globale émergeant de leur intégration. Par ailleurs, certains éléments de cet environnement se coordonnent entre eux, constituant d'autres systèmes, d'un niveau de complexité comparable au premier ; ces systèmes sont interactifs, et leur ensemble intégré fait émerger un système de second ordre, ou « système de systèmes », relevant d'un *deuxième niveau d'intégration* – duquel émergent des propriétés encore nouvelles.

Et le processus se poursuit : on assiste ainsi à une succession de niveaux d'intégration hiérarchiquement emboîtés. Par exemple, dans le domaine vivant, on observe les niveaux d'organisation successifs : *macromolécules* → *organites* → *cellules* → *tissus* → *organes* → « *systèmes* » *d'organes* → *organismes* → *populations* et *sociétés* → *écosystèmes* de différents niveaux emboîtés (voir plus loin) → *biosphère*. Un système étant conçu, ses « éléments » fonctionnels sont, en fait, autant de *sous-systèmes*, organisés à leur niveau et interactifs. Réciproquement, une association de systèmes d'un certain rang constitue un *super-système* – ces termes étant évidemment relatifs : ce qui est « super-système » à un niveau d'analyse est « sous-système » d'un système encore plus vaste (fig. 2).

La notion d'*environnement* est également hiérarchique. L'environnement d'un système donné est l'ensemble des systèmes qui lui sont extérieurs, avec lesquels il interagit. Ainsi, en sociologie, on parlera de l'environnement familial ou professionnel d'un individu, de l'environnement social d'une famille, de l'environnement économique d'une entreprise, etc. En écologie, l'environnement d'une population de poissons est un écosystème « étang », l'environnement de ce dernier est l'écosystème « bassin versant », lui-

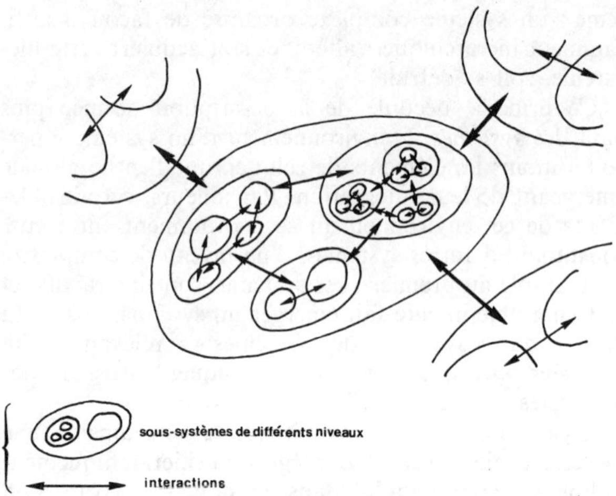

Fig. 2. — Système hiérarchisé.

même plongé dans un système régional, et ainsi de suite.

Au sein d'une telle hiérarchie, la délimitation d'un niveau particulier comporte une part d'arbitraire, liée au choix de l'*échelle d'observation* (fonction elle-même de l'objectif recherché). Cependant l'arbitraire est loin d'être total car, pour être performant, la partition de l'ensemble en sous-ensembles emboîtés doit correspondre à des niveaux d'intégration *fonctionnels*. Un paysage, par exemple, est formé de parties naturellement distinctes et interactives, mais un secteur délimité arbitrairement (par le cadastre, par exemple) coïncide rarement avec une unité fonctionnelle. Le premier travail de l'écologiste sur son terrain (et non le moindre, car la structure d'un écosystème ne se révèle pas toujours facilement) sera la recherche des échelles d'observation pertinentes.

Deux remarques enfin :

a) De nombreux systèmes concrets (en particulier les écosystèmes) sont *structurés dans l'espace-temps* (chap. II, § VI). Les emboîtements fonctionnels sont alors largement déterminés par des emboîtements spatio-temporels, plus aisés à observer que des emboîtements purement fonctionnels[1]. Cependant, ce n'est pas une règle absolue. Certaines hiérarchies, même si elles débouchent sur un partage hiérarchique de l'espace-temps, ne lui sont pas réductibles : une *hiérarchie des rôles et de fonctions* peut se développer sur un même domaine d'espace et un même intervalle de temps.

b) Fonctions et hiérarchies multiples. — Une structure hiérarchique unique n'épuise pas en général la complexité d'un système : plusicurs hiérarchies sont le plus souvent croisées et enchevêtrées (fait particulièrement bien commenté par D. Durand dans *La systémique*, coll. « Que sais-je ? »). En effet, une organisation naturelle complexe comprend toujours plusieurs fonctions distinctes bien qu'interactives, chacune étant hiérarchisée pour son compte.

Pensons aux multiples fonctions physiologiques présentes au sein d'un même organisme. Une fonction implique l'activité coordonnée de plusieurs organes. Tantôt ces derniers diffèrent d'une fonction à l'autre ; tantôt ils sont partiellement ou totalement les mêmes : chacun joue alors plusieurs rôles, et participe à plusieurs hiérarchies. De même, en sociologie, une même personne peut appartenir, à des titres différents, à une hiérarchie professionnelle, une hiérarchie politique, une hiérarchie militaire. En biologie, une même espèce vivante peut être incluse dans l'organisation du cycle du carbone, du cycle de l'azote, du cycle du soufre, à des échelles spatio-temporelles soit identiques, soit distinctes. Etc.

1. Le *temps* semble plus apte que l'*espace* à déterminer des hiérarchies fonctionnelles : en effet, les systèmes de niveau inférieur ont souvent des constantes de temps inférieures à celles des systèmes de niveaux plus élevés qui les incluent (ainsi, la physiologie cellulaire est « plus rapide » que la physiologie de l'organisme qui les intègre ; l'évolution d'un écosystème a lieu sur une durée supérieure à celle des vies d'individus, etc.).

Là encore, il n'y a pas de règle absolue : on peut concevoir qu'un stratège modifie vite et souvent des orientations, chacune d'elles étant longue à mettre en œuvre, et fréquemment remise en cause...

3. **Existence de *stratégies adaptatives.*** — Le concept de *stratégie* évoque celui de « liberté de choix ». Il sous-entend une diversité de réponses possibles face à *a)* un objectif (par exemple la survie ou la reproduction de l'espèce) et *b)* des fluctuations, en partie imprévisibles, de l'environnement et de l'état du système lui-même.

Comparant des systèmes entre eux, on est conduit à les classer selon leurs *choix stratégiques* vis-à-vis de certains objectifs. Concernant, par exemple, la *reproduction* de l'espèce, les populations, face aux risques d'extinction qu'elles encourent, réagissent soit en augmentant leur taux de natalité, soit en édifiant des structures de survie et en intensifiant la protection de leurs descendants – avec des solutions intermédiaires ou composites. De même, on observe des stratégies *d'occupation de l'espace-temps*, de *partage des ressources* entre espèces ou entre classes d'âge coexistantes, etc. (voir chap. II, § II).

Une des stratégies fréquemment développées, imposée par la nature variable de l'environnement et par l'indéterminisme partiel de l'évolution du système, est l'*utilisation du hasard* – stratégie présentée par Edgar Morin[1] comme un des critères de la *complexité*. Les événements rares, par exemple, peuvent être déterminants dans la dynamique du système : celui-ci ne pourrait subsister longtemps dans des conditions « moyennes » d'environnement, mais y parvient grâce à des fluctuations aléatoires réalisant sporadiquement les conditions favorables. Dans d'autres cas, sa survie dépend d'une option de comportement ; si ce comportement est partiellement aléatoire, les rares cas de réponse adéquate suffiront à assurer sa survie.

1. Edgar Morin (*La méthode,* I à IV, Paris, Seuil, 1977 à 1991) définit la *complexité* par à la fois :
— le rôle fonctionnel du hasard ;
— l'existence d'interactions simultanément concurrentes, complémentaires et antagonistes ;
— l'existence de causalités en boucle, « les produits étant nécessaires à la production de ce qui les produit ».

D'autres stratégies sont dites *paradoxales*, c'est-à-dire impliquant la coexistence d'élément contradictoires. Le couple interactif déterminisme/hasard en est un exemple. Les systèmes « complexes » comprennent beaucoup de couples dits « ago-antagonistes » (E. Bernard-Weil[1]) au niveau des interactions élémentaires, qui peuvent être *à la fois* complémentaires, concurrentes et antagonistes[2] ; nous en donnerons des exemples au chapitre II.

4. **Principe d'*évolution*.** — Un système complexe est *évolutif* : sa dynamique ne le maintient identique à lui-même que dans des cas exceptionnels, quasi pathologiques.

L'imprévisibilité partielle de l'environnement, ainsi que du parcours du système lui-même, rendent en effet nécessaire (l'enjeu étant la survie du système) un *pouvoir d'adaptation* – impossible à mettre en œuvre si la structure est rigide. Des remaniements de structure ont lieu, qui, se poursuivant, aboutissent à une *évolution* et à une *histoire* du système.

La règle générale (commentée, pour les écosystèmes, au chap. II, § IX) est la suivante :

a) En l'absence de perturbation majeure, l'évolution du système va vers sa complexification et son perfectionnement fonctionnel. Le système acquiert une organisation mettant en jeu une diversité croissante d'éléments, de sous-systèmes et de stratégies. Cette évolution est spontanée, due autant à l'interaction du système avec l'environnement qu'à sa dynamique interne. Elle a valeur d'*auto-organisation*.

Remarquons qu'auto-organisation et évolution sont liées par une causalité en boucle[3]. La seconde aboutit en effet à une organisation dont une des fonctions essentielles est la capacité de s'adapter, donc d'évoluer.

1. E. Bernard-Weil, *Précis de systémique ago-antagoniste,* Limonest, L'interdisciplinaire, 1988.
2. Voir n. 1, p. 16.
3. *Ibid.*

b) En cas de perturbation, le système réagit par un *stress* au terme duquel il se simplifie et se « déstructure ».

L'*histoire* d'un système se ramène essentiellement à la succession (souvent contingente) de périodes de stress et de périodes de re-complexification, qu'il traverse pendant la période de temps considérée. Une observation instantanée ne donne jamais qu'un *état transitiore*, pleinement intelligible dans un contexte évolutif et historique – ce principe est particulièrement incontournable pour la compréhension des écosystèmes.

Un système évolutif et auto-organisé peut être qualifié de *complet*. Un système ne montrant pas ces caractéristiques est *incomplet*, mais peut être associé à certains éléments de son environnement, et ainsi devenir *complet*.

Par exemple, l'agriculture et l'élevage pratiquées dans une région créent un système artificiel n'ayant aucunc persistance ni évolution propres. Abandonné par l'homme, ce système retournera à « l'état sauvage » – en d'autres termes reconstituera un écosystème naturel, diversifié, auto-organisé, autopersistant, évolutif.

Pour retrouver un système complet, il faut adjoindre au système modifié celui des interventions humaines, permanentes et indispensables. Le système {homme ; agriculture}, ou *agrosystème*, est dès lors auto-organisé (organisé par sa composante humaine) et évolutif (évoluant au rythme des changements socio-économiques, démographiques et techniques) : il est *complet*.

III. — Définition des *écoystèmes*

La définition des systèmes écologiques ou *écosystèmes* donnée par Tansley (1935) est souvent reprise sous la forme :

« écosystème = biocoenose + biotope »

(le *biotope* étant le milieu physique, la *biocoenose* l'association des espèces interactives dans ce milieu)[1].

1. Le signe « + », qui évoque une juxtaposition, nous semble inapproprié pour symboliser un système d'interactions. Nous avons proposé (S. Frontier et D. Pichod-Viale, *Écosystèmes. Structure, fonctionnement, évolution,* Paris, Dunod, 1998 ; 1re éd., Masson, 1991) de remplacer ce

Nous devons dire aujourd'hui qu'un écosystème est un *système d'interactions entre les populations de différentes espèces vivant dans un même site, et entre ces populations et le milieu physique.*

Un système écologique peut être défini sur une grande variété d'échelles d'espace-temps. On en définit, en fait, autant que de niveaux spatio-temporels emboîtés : *écosystème* d'un fragment de sol, d'une souche d'arbre en train de pourrir, d'une partie de forêt, d'un bassin versant, d'une région naturelle ; enfin, l'organisation écologique planétaire tout entière constitue un vaste écosystème (chap. III, § V)[1].

Autre caractère fondamental : les interactions entre populations vivantes et milieu physico-chimique sont à double sens. Si le milieu conditionne l'existence et la biologie des espèces, réciproquement *ces dernières modifient le milieu* : le « biotope » est à la fois un élément du système et une production du système, conformément au principe de boucle causale d'E. Morin.

Exemples :

— Certaines espèces provoquent une consolidation, voire une induration d'un substrat jusqu'alors meuble. D'autres, à l'inverse, ameublisent un substrat dur. Dans les deux cas, de nouvelles espèces peuvent ensuite s'installer.

— Le sol est fabriqué de toutes pièces, à partir d'éléments tirés de la roche mère (nombreux anions et cations) et de

signe « + » par le signe « ⊗ » de l'algèbre tensorielle, qui évoque l'ensemble des interactions de chaque élément avec chaque autre. Cependant la structure « multi-échelles », essentielle, reste encore non exprimée dans ce formalisme.

1. Toutefois certains auteurs n'appliquent le terme d'*écosystème* qu'à des unités de taille intermédiaire et caractérisées par une unité d'aspect, telles que « une forêt », « un lac », etc. (encore que la délimitation spatiale de tels systèmes pose problème : voir la dernière remarque de ce chapitre, et chap. II, § VI.2). Ils nomment alors *écocomplexes* ou *paysages* des associations interactives de tels « écosystèmes ».

Mais nous verrons au chapitre II (§ X) qu'il n'y a pas de différences de nature entre les écosystèmes des différentes tailles, et qu'en vertu du principe hiérarchique, un écocomplexe ou « système d'écosystèmes » est lui aussi un écosystème. C'est le cas d'une mosaïque de forêts et de savanes, ou de forêts et d'étangs, ou de cultures et de friches ; d'un bassin versant comprenant plusieurs types de milieux ; et finalement aussi, de « l'écosystème planétaire ».

l'atmosphère (carbone, azote), par les organismes qui y vivent et qui contrôlent en permanence – le plus souvent à leur avantage – ses propriétés : son humidité, sa porosité, son pH, sa teneur en matière organiques...

— La composition actuelle de l'atmosphère est largement marquée par les activités biologiques qui s'y sont exercées depuis 3,8 milliards d'années. Ses 21 % d'oxygène actuels proviennent de la photosynthèse des végétaux des ères Précambrienne et Primaire, qui ont presque épuisé les 30 % de CO_2 présents au départ.

— Les sédiments aquatiques seraient privés d'oxygène et inaptes à la vie, sans un malaxage ou *bioturbation* incessante assurée par les organismes fouisseurs, conditionnant leur milieu « pour » pouvoir y vivre (facilitant la circulation des gaz, redistribuant la matière organique, etc.).

— Les cycles du carbone, de l'azote, du phosphore sont très différents sur notre Terre de ce qu'ils seraient sur une planète stérile. Notamment, les énormes accumulations de calcaire constituant une partie importante de nos couches sédimentaires sont principalement dues à des activités biologiques passées.

Etc.

En conclusion, tout écosystème (à quelque échelle qu'on le définisse) comprend des partenaires vivants et un biotope physico-chimique *modifié*, reliés par un réseau d'interactions les unes directes, les autres indirectes – une interaction entre deux espèces vivantes pouvant passer par une modification du milieu, conformément au schéma synthétique de la fig. 3.

Les caractères généraux des *systèmes* dégagés au paragraphe précédent s'appliquent aux systèmes écologiques de toutes tailles[1]. Nous devons cependant préciser la nature concrète particulière de ces derniers, impliquant des règles spécifiques dont les deux plus fondamentales (largement explicitées au chapitre suivant) sont peut-être les suivantes :

1 / Les interactions écologiques sont portées par des *flux d'énergie et de matière.* Ces flux étant permanents,

1. La *taille* d'un écosystème est définie à la fois par : *a)* le nombre d'éléments (ou sous-systèmes) interactifs pris en compte, et *b)* le domaine d'espace-temps sur lequel il développe ses propriétés. Pour plus de précision, voir chapitre II, § VI.2.

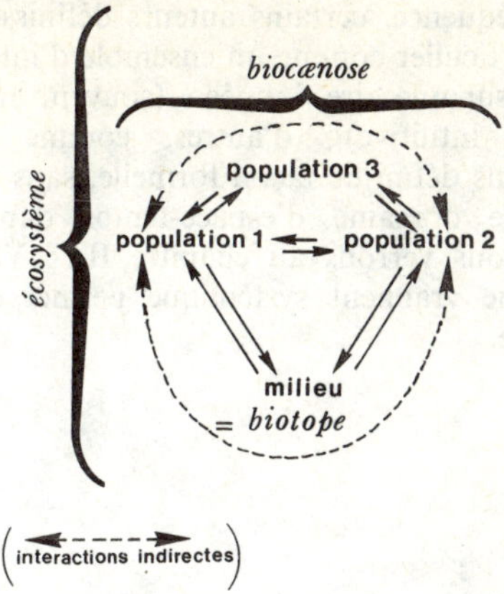

Fig. 3. — Schéma simplifié d'un système écologique.

ils relèvent de la *thermodynamique des systèmes dissipatifs* (cf. chap. II, § III.3).

2 / Les systèmes écologiques sont fondamentalement *structurés dans l'espace-temps* (cf. chap. II, § VI).

Signalons, à propos de la deuxième de ces règles, une difficulté conceptuelle, parfois vue comme obstacle à la claire définition d'un « écosystème » : bien que *structurés* dans l'espace et dans le temps, les écosystèmes sont malaisés à *délimiter* dans l'espace-temps, car les différentes interactions qui les constituent se réalisent à des échelles variées.

Par exemple : une végétation interagit localement avec le sol ; une population d'herbivores qui s'en nourrit interagit avec elle sur un domaine défini par une certaine amplitude de déplacements ; cette population est par ailleurs contrôlée par une espèce prédatrice à rayon d'action beaucoup plus grand et qui la rencontre sporadiquement. On voit donc mal comment « délimiter » l'écosystème. Le prédateur rencontre plusieurs populations de proies, donc peut être considéré comme participant à plusieurs écosystèmes ; du même coup, il suscite une interaction entre ces derniers. On est en plein dans la *complexité* !

En conséquence, certains auteurs définissent un écosystème particulier comme un ensemble d'interactions se réalisant « sur une aire donnée » (souvent arbitraire, ou du moins intuitive) ; d'autres, comme un réseau d'interactions défini de façon formelle, sans vaine précision sur le domaine d'espace-temps dans lequel il s'inscrit. Nous verrons au chapitre II, § VI, comment une écologie vraiment systémique permet de dépasser cette aporie.

Chapitre II

DIX CLÉS POUR L'ANALYSE DES ÉCOSYSTÈMES

Des caractéristiques de *systèmes* inventoriées plus haut, nous allons déduire dix « clés » permettant d'analyser les systèmes écologiques à toutes les échelles de perception[1].

Ces clés sont : (I) les *interactions* ; (II) les *stratégies* – performances propres aux systèmes *complexes* ; (III) les *flux et cycles de matière et d'énergie* – véhicules physiques des interactions ; (IV) les *dynamiques,* ainsi que les conditions de *« stabilité »* (cf. chap. I, n. 5) et de *résilience* des systèmes dynamiques complexes ; (V) l'*information interne* contenue dans la *diversité* des éléments, des interactions et des fonctions ; (VI) l'*occupation de l'espace-temps,* notamment son effet sur les dynamiques ; (VII) la *structure hiérarchique* des systèmes organisés dans l'espace-temps ; (VIII) les relations entre *physique* du milieu *et biologie* des peuplements ; (IX) l'*évolution des écosystèmes* – mettant en évidence une *alternative croissance/développement*, dans laquelle s'interpréteront de façon optimale les *perturbations* et les *stress* ; (X) les *interactions entre écosystèmes,* se manifestant au niveau de leurs interfaces, et dont résultent des *systèmes d'écosystèmes* ou *écocomplexes.*

I. — Les interactions

Les relations entre deux espèces réalisent un certain nombre de modalités, comme :

— la *compétition pour une même ressource alimentaire* ou pour un même espace (aboutissant dans certains

1. Une bibliographie détaillée de ces dix points est donnée dans S. Frontier et A. Leprêtre, 1999, Développements récents en théorie des écosystèmes, *Ann. Inst. océanogr.,* Paris, sous presse.

cas à l'exclusion de l'une des deux espèces : c'est l'*exclusion compétitive* de Gause) ;

— l'*antagonisme* : une espèce en défavorise une autre activement, souvent par l'intermédiaire d'une modification du milieu ;
— les deux relations précédentes aboutissent dans des cas extrêmes à un *amensalisme* : coexistence impossible de deux espèces ;
— le *mutualisme* : deux espèces s'associent en jouant des rôles complémentaires et réciproquement favorables ;
— le *commensalisme* : association à avantage unilatéral ;
— la *relation proie/prédateur* ;
— le *parasitisme,* etc.

Une telle classification reflète le caractère favorable ou défavorable (supposé dénué d'ambiguïté) de l'interaction envers l'une et l'autre espèce. En fait, elle traduit une vision encore mécaniste de l'écosystème, conforme au *paradigme de simplification* de la science traditionnelle : on ne voit dans l'écosystème qu'un ensemble de rouages et de mécanismes, que l'on comprendra en les « démontant » puis en les recombinant, comme on le fait pour une machine. Le *paradigme systémique* fait au contraire apparaître le caractère *complexe* de la plupart des interactions faussement dites « élémentaires », en se fondant sur l'existence :

a) De nombreuses *interactions indirectes* et *à long terme.*

Certaines traduisent seulement une action retardée d'une population sur une autre. Une interaction proie-prédateur apparaît défavorable à la population de proies, mais lui est favorable à long terme car elle contrôle sa démographie, l'empêchant d'épuiser sa ressource. D'autres transitent par des espèces intermédiaires ; un délai d'action est alors inévitable. D'autres, enfin, font intervenir une modification du milieu influant sur la biologie de l'espèce de départ et des espèces voisines (nous en avons donné quelques exemples au chap. I, § III).

B. Patten et son école considèrent que les *interactions indirectes* sont plus importantes pour l'écosystème global, que les interactions directes. En effet, ces dernières sont souvent rapidement tamponnées par des boucles de régulation (*feed-back* proximaux) alors que les actions indirectes, différées mais soutenues dans le temps, influencent plus durablement le système.

b) D'*interactions faisant intervenir simultanément plusieurs espèces et/ou éléments du milieu.* C'est en fait, le cas le plus général. L'ensemble d'interactions modifie le comportement de chaque espèce, en sorte que l'action précise d'une espèce sur une autre dépend du contexte biologique et physique. Comme dans tout *système*, aucune interaction ne peut être isolée, même pas conceptuellement.

Le couplage entre deux espèces est considérablement modifié par la présence d'espèces supplémentaires. La classique *loi de l'exclusion compétitive* édictée par Gause (1932) « deux espèces ne peuvent pas occuper simultanément la même niche écologique[1] », pertinente si l'essentiel de la structure se réduit à ces deux espèces, est contredite si d'autres espèces interviennent (ce qui est le cas général !) et/ou si l'environnement est hétérogène (§ VI).

c) D'*interactions multiformes*, c'est-à-dire revêtant *à la fois plusieurs caractères* : la relation entre deux espèces est souvent *à la fois complémentaire, concurrente et antagoniste* (cf. définition de la *complexité*, chap. I).

Lorsque, dans une prairie, coexistent une graminée, une légumineuse et une mousse, ces trois espèces sont en compétition pour la surface disponible. En même temps, chacune d'elles est importante pour la survie des deux autres et l'entretien du milieu. La légumineuse assure l'apport d'azote par fixation atmosphérique. La mousse réalise un tampon hydrique en surface, évitant la dessication. La graminée élimine l'eau excédentaire du sol en l'absorbant par ses racines et en

1. Voir définition de la *niche écologique* au § V.1.

l'évacuant par ses feuilles ; en même temps elle limite le développement de la mousse en interceptant une partie de la lumière incidente.

Ces interactions à sens multiple constituent ce que Bernard-Weil *(loc. cit.)* nomme (en partant d'exemple biomédicaux) des *couples ago-antagonistes*. Pour restaurer un système altéré, on devra favoriser en même temps les deux termes du couple, ou les trois termes du triplet, et plus généralement tout l'ensemble interactif (par exemple la végétation dans son ensemble, qui devra retrouver une composition spécifique optimale). L'association et le jeu complexe des interactions – notamment le jeu des facilitations, tolérances et inhibitions simultanées – expliquent pour une grande part les performances de l'écosystème, en particulier sa « stabilité » dans les différentes acceptions du terme (§ IV.2), et ses différentes directions d'évolution (§ IX).

II. — Les stratégies

Rappelons que la *stratégie* (chap. I, § II.3) d'un système complexe et auto-organisé répond à une nécessité de *décision dans l'incertain*, due à la fois au caractère aléatoire des conditions rencontrées, et au caractère partiellement imprévisible de l'évolution du système lui-même. Les systèmes vivants se sont, au terme d'une sélection naturelle, adaptés à l'incertain par une souplesse des réponses possibles et par une diversité des stratégies. Quelques exemples vont le montrer.

1. **Stratégies démographiques.** — Elles concernent le remplacement des générations. Face à des causes de mortalité variées, à une limitation de la ressource, et à la compétition exercée par les autres espèces, les populations adoptent des stratégies se situant entre deux extrêmes : la *stratégie « r »,* consistant à compenser la mortalité en intensifiant la reproduction ; et la *stratégie* « K », qui favorise la survie d'un petit nombre de descendants

grâce à l'édification et à l'entretien de structures et mécanismes de survie.

Les dénominations « *r* » et « K » font référence à la *loi logistique*, gouvernant très généralement la croissance des populations et des individus. Le début du processus est exponentiel, le taux de croissance étant noté *r*. Puis, en raison de la saturation du milieu et des régulations biologiques (une population dense diminue son taux reproduction), la croissance se ralentit et l'effectif finit par plafonner à une valeur K (fig. 4).

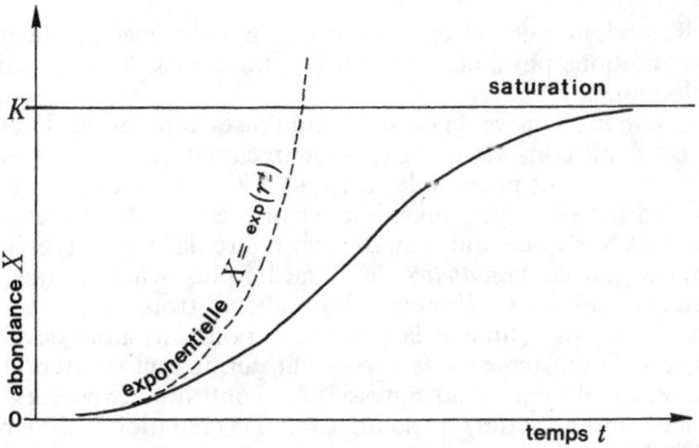

Fig. 4. — Courbe logistique.

Le « choix » de la stratégie démographique a lieu dans un cadre de *compétition interspécifique*. Dans la stratégie « *r* », qui *maximise* le taux de croissance, l'espèce « gagnante » sera celle qui aura occupé le plus vite un espace ou une ressource alimentaire nouvellement disponibles. La stratégie K consiste au contraire à *stabiliser*, une fois atteinte, une densité adaptée aux ressources du milieu.

Les espèces à stratégies « *r* » sont capables de supporter des mortalités élevées et sporadiques, rapidement compensées par la natalité ; elles donnent des populations *robustes*, pouvant survivre dans un milieu perturbé, variable et peu prévisible ; mais elles sont *quantitativement instables*, passant par des phases d'abondance et de déplétion. Les populations « K », au contraire, se montrent plus *stables quantitativement* ; mais leurs mécanismes délicats de survie, leur adéquation précise au milieu, les rendent *vulnérables* : elles ne perdurent que dans un environnement peu variable et suffisamment prévisible.

Un environnement agressif et variable favorisera donc les stratèges *« r »* ; un environnement plus constant, les stratèges « K ».

Rappelons que cet environnement n'inclut pas uniquement les conditions physiques rencontrées, mais aussi les partenaires biologiques.

Comparant la biologie de nombreuses espèces de lézards, R. Barbault constate que des milieux climatiquement agressifs et variables sont peuplés de stratèges « K », alors que des environnements physiques plus doux et plus constants abritent des stratèges *« r »,* ce qui semble contredire la règle. L'analyse montre que les *prédateurs* des lézards, plus sensibles que ces derniers, sont vite éliminés des milieux trop agressifs ; les lézards, moins soumis à la prédation, pourront alors développer des comportements de survie leur permettant de vivre dans un milieu physiquement agressif. Au contraire les espèces des milieux moins « durs », soumises à la prédation, survivront grâce à une stratégie *« r »*.

Les dénominations *« r »* et « K » désignent, en fait, les deux extrémités d'un gradient, entre lesquelles de nombreuses espèces apparaissent comme intermédiaires – des corrélations étant clairement constatables entre la fécondité et le risque habituellement encouru. Par ailleurs, nombre d'espèces sont capables de s'adapter aux circonstances par un changement de stratégie : par exemple, s'il y a plusieurs générations dans l'année, la stratégie est de type *« r »* au cours de la belle saison (multiplication rapide adaptée à l'abondance de la ressource) et devient « K » à l'approche de l'hiver (constitution de réserves lipidiques, d'œufs protégés, etc.).

A l'échelle de l'écosystème, nous verrons au § IX que, lorsqu'un nouvel espace ou une nouvelle ressource deviennent disponibles, leur colonisation rapide est assurée par des espèces de type *« r »* dites *pionnières* (robustes, peu spécialisées, à croissance et multiplication rapides). Puis, si le milieu reste stable, ces espèces sont progressivement remplacées par des stratèges « K ». Quand, par la suite, une perturbation intervient, les stratèges « K » disparaissent dans l'ordre où ils étaient arrivés, et le peuplement redevient dominé par des *« r »*.

2. **Stratégies cénotiques.** — Ce concept, introduit par P. Blandin *et al.* en 1976, ne s'est curieusement pas imposé, notamment dans l'écologie anglo-saxonne – probablement en raison de sa publication en français ! Il porte sur la composition des communautés, en termes à la fois de *stratégies démographiques* et de *diversité génétique* des populations constituantes.

Les auteurs distinguent :

— des communautés à stratégies *« i »* (comme « individu »), dont la permanence est liée à l'existence d'espèces à réactions rapides, à démographie *« r »,* relativement peu nombreuses mais bénéficiant d'une diversité génétique importante leur permettant de sélectionner, dans chaque environnement, les génotypes les plus favorables. Stratégie démographique et stratégie génétique sont liées, car une réponse génétique rapide exige un renouvellement des générations rapide. La diversité spécifique reste faible, et la structure de l'écosystème (celle du réseau trophique notamment) est simple ;

— des communautés à stratégies *« s »* (comme « espèce ») : coexistence de nombreuses espèces interactives, chacune à diversité génétique plus faible. L'adaptation au milieu a lieu par variation des proportions mutuelles des espèces. Le système d'interactions est complexe et évolutif.

Comme pour les stratégies démographiques, il existe des stratégies intermédiaires, ou bien alternées : certains peuplements pouvant se montrer alternativement *« i »* et *« s »*.

3. **Stratégies alimentaires.** — Elles gèrent l'allocation d'une partie de l'énergie assimilée à la recherche de l'alimentation ultérieure. La règle de base est simple : une espèce ne peut dépenser, pour rechercher sa nourriture, plus d'énergie qu'elle ne gagne en l'assimilant. De nombreuses solutions sont « choisies », allant de l'exploitation d'une nourriture localement abondante et nécessitant peu de déplacements, à celle d'une nourriture dispersée, voire mobile. La recherche implique une

dépense d'*énergie auxiliaire secondaire* (§ VIII.4) soit pour la poursuite et la chasse, soit pour la construction de pièges. L'amplitude et la fréquence des déplacements dépendent beaucoup de la *taille des organismes*, et introduisent une diversité dans les échelles spatio-temporelles des interactions – nouveau facteur de complexité de l'écosystème.

Ces stratégies sont analysées en détail dans le cadre de l'*optimal foraging theory* des auteurs anglo-saxons, qui analyse la diversité stratégique du choix des proies (comportements plus ou moins sélectifs, notamment en fonction du nombre d'espèces de proies disponibles), du temps de recherche, de l'utilisation des secteurs à mesure qu'ils s'épuisent, etc.

4. **Stratégies d'occupation de l'espace-temps.** — Cet aspect sera développé au § VI.

5. **Stratégie de croissance *versus* stratégie de développement** adoptées au cours de l'évolution de l'écosystème, en réponses à la présence ou à l'absence de *perturbations*, et se reflétant particulièrement dans les fluctuations de la *diversité taxonomique* (voir § V et IX).

III. — Les flux de matière et d'énergie

La matière vivante s'autosynthétise en assimilant (par *photosynthèse* ou par *chimiosynthèse*) des éléments chimiques et de l'énergie. Ceux-ci cheminent ensuite le long de *chaînes* et de *réseaux trophiques*, puis sont restitués au milieu : les éléments minéraux sous une forme recyclable ; l'énergie sous forme de chaleur non recyclable.

1. **Réseaux et flux trophiques.** — Le premier « compartiment » de toute chaîne trophique est constitué par les *producteurs primaires*, comprenant les plantes chlorophylliennes et certaines bactéries, assimilant directement :

a) Des éléments minéraux trouvés dans l'environnement (CO_2, ions dissous tels que nitrates, phosphates, sulfates, métaux indispensables), à partir desquels se construiront les premières molécules organiques et enzymes.

b) De l'énergie, puisée dans l'environnement et qui se retrouve sous forme d'énergie de liaison des molécules organiques – dont la synthèse est endothermique. *La biomasse est autant un stock d'énergie potentielle, qu'un stock de matière organique.* En fonction de l'origine de l'énergie capturée, on distinguera :

— les producteurs primaires *autotrophes*, assimilant une énergie d'origine inorganique : énergie solaire pour les organismes *photosynthétiques* (plantes et bactéries à chlorophylle) ; plus rarement, énergie produite par l'oxydation de composés minéraux par des organismes *chimiosynthétiques* (bactéries oxydant le soufre ou le fer du milieu) ;

— les producteurs primaires *hétérotrophes*, qui oxydent (au moyen d'enzymes qu'ils émettent dans le milieu) des molécules organiques synthétisées antérieurement par d'autres organismes. Ils sont également qualifiés de *décomposeurs*, et comprennent essentiellement les bactéries non chlorophylliennes et les champignons.

Environ 50 % de l'énergie et de la matière assimilées par les producteurs primaires sont immédiatement restitués au milieu *via* les respirations et les excrétions de ces organismes. L'énergie et la matière non restituées transitent ensuite le long des chaînes trophiques[1] : des *consommateurs primaires* (animaux herbivores) assimilent la biomasse des producteurs primaires ; eux-mêmes sont assimilés par des *consommateurs secondaires* (ou carnivores primaires), et ainsi de suite. Plusieurs échelons ou « niveaux trophiques » peuvent ainsi se succéder : 3 ou 4 dans les écosystèmes terrestres, jusqu'à 6 dans les écosystèmes aquatiques.

Certains organismes consomment de la matière organique morte sous forme soit dissoute (absorption directe par des organismes de très petite taille : protozoaires, larves aquatiques très petites), soit solide et dans des

1. Il est préférable de parler de *réseaux trophiques*, car ces chaînes sont foisonnantes et interconnectées.

états variés de décomposition et d'émiettement. Ils constituent le compartiment des *détritivores*. Parmi eux citons les *géophages*, tels les vers de terre, qui ingèrent l'humus et digèrent une partie de son contenu organique.

Les *décomposeurs*, quant à eux, initient de nouvelles chaînes alimentaires, dites *à microhétérotrophes* (protozoaires consommateurs de bactéries, etc.)

A chaque échelon trophique, une faible proportion (de l'ordre de 10 %) de la biomasse consommée est effectivement assimilée, c'est-à-dire transformée en biomasse de consommateur. Le reste est transformé en molécules organiques très simples ou minérales, disponibles pour un nouveau cycle, et énergie dégradée (chaleur), non réutilisable. A l'issue de tous ces cheminements, la totalité des éléments minéraux et la totalité de l'énergie, temporairement stockés dans la biomasse, sont restituées[1].

2. **Analyse des réseaux trophiques par classes de taille d'organismes.** — Cette description par *niveaux trophiques* a eu longtemps valeur de dogme (et a même orienté des programmes internationaux, comme le *Programme biologique international*, 1964-1974). Elle fut critiquée depuis Cousins (1978), qui a suggéré de la remplacer par une description par *classes de tailles*.

Les proies d'un consommateur sont, en effet, généralement comprises dans un intervalle de tailles assez étroit, tout en appartenant à des « niveaux trophiques » divers. Ainsi, un organisme filtreur de plancton consomme aussi bien des algues unicellulaires, que des microcrustacés herbivores ou carnivores, des larves, et même des particules organiques mortes. La taille des organismes tend à croître le long de la chaîne alimentaire – avec une exception portant sur les « aliments

1. A l'exception de ce qui a pu être fossilisé, et peut n'être réoxydé que très longtemps après. En brûlant du charbon ou du pétrole, nous achevons le cycle de matière/énergie initié au cours des ères géologiques anciennes (cf. § 3).

substrats » tels que les plantes consommées par les insectes qu'elles portent, ou l'humus consommé par les vers de terre.

Cette *écologie de la taille* trouve une justification énergétique dans la *relation allométrique*[1] liant les tailles individuelles et les métabolismes. De fait, la taille des individus a des implications dans tous les aspects de la biologie d'une espèce : comparant des espèces comparables, on observe des allométries reliant cette taille à la durée de vie, à la vitesse de multiplication, à l'abondance des populations (les organismes de petite taille sont plus nombreux, vivent moins longtemps, se multiplient plus vite que les organismes de grande taille), etc. Enfin, la taille individuelle et la densité de population sont généralement corrélées à la structure de l'habitat, notamment dans son aspect *fractal* (cf. § VI.3).

Des spectres de tailles de « particules vivantes » sont souvent décrits, avec leurs implications aux niveaux de l'organisation des flux d'énergie/matière à l'échelle de l'écosystème, du renouvellement des générations et de l'occupation de l'espace. Des lois précises semblent se manifester (notamment des « lois puissance » ayant des implications dans l'auto-organisation : cf. Per Bak[2]) mais elles sont encore insuffisamment comprises.

3. **Flux ouverts d'énergie, cycles de matière : thermodynamique des systèmes dissipatifs. Loi de Morowitz.** — Les lois usuelles de la thermodynamique concernent les états physiques à l'équilibre ou proches de l'équilibre. Nous nous trouvons ici, au contraire, dans le domaine de la *thermodynamique dissipative*, applicable aux systèmes

1. Une relation *allométrique* entre deux grandeurs biologiques est une corrélation non linéaire. Ici, le flux d'énergie E transitant dans un organisme, au lieu d'être proportionnel à son poids W (ce qui serait le cas si chaque unité de biomasse développait le même métabolisme), lui est lié par une relation de la forme $E = a . W^b$ (b de l'odre de 0,75). Il s'ensuit que le métabolisme par unité de poids ainsi que la plupart des fonctions biologiques (de la vitesse des battements cardiaques aux taux de reproduction) augmentent quand la taille individuelle diminue.

2. P. Bak, *How Nature Works. The science of self-organized criticality,* Springer Verlag, 1996.

traversés par un flux d'énergie les maintenant loin de l'équilibre.

Cette thermodynamique, approfondie notamment par Prigogine et ses collaborateurs, ne s'oppose nullement au principe d'entropie croissante d'un système isolé. Par contre, elle met en évidence des états dynamiques locaux et transitoires, responsables de structures et de processus périodiques, infiniment peu probables dans des systèmes proches de l'équilibre. Des dynamiques dissipatives ont été mises en évidence et très bien étudiées dans des systèmes purement chimiques : elles ne sont donc pas caractéristiques des systèmes vivants, mais influencent profondément ces derniers.

Nous devons à H. J. Morowitz[1] un quasi-théorème établissant qu' *« à tout flux d'énergie est associé au moins un cycle de matière ».* Le schéma conceptuel, applicable à une large classe de processus physico-chimiques et biologiques, est le suivant (fig. 5) : un système *clos* pour la matière mais *non isolé* pour l'énergie contient deux isomères A et B d'une même substance. Le passage A → B est endothermique, le passage B → A exothermique. L'enceinte comprend une paroi chaude et une paroi froide. Au contact de la première, A devient B. Le second isomère a stocké une certaine quantité d'énergie, et la libère au niveau de la paroi froide, redevenant A. Le déplacement des molécules A et B d'une paroi à l'autre a lieu par diffusion. Le système se trouve ainsi traversé par un flux d'énergie, véhiculé d'une paroi à l'autre par une substance matérielle qui passe cycliquement par les formes A et B.

L'alternance liquide/vapeur du *cycle de l'eau* dans l'environnement fonctionne de cette façon : le rayonnement solaire direct et surtout le vent (lui-même mis en route par l'énergie solaire) font passer l'eau liquide à l'état de vapeur. Celle-ci contient une énergie potentielle. Elle monte vers les couches froides de l'atmosphère où elle se recondense, restituant son énergie d'évaporation,

1. H. J. Morowitz, *Energy flow in biology,* London, Acad. Press, 1968.

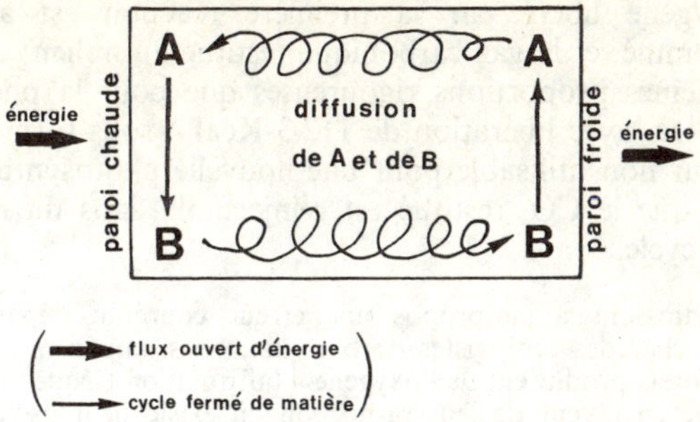

Fig. 5. — Exemple schématique de système dissipatif d'après Morowitz.

rayonnée ensuite par les nuages. L'eau retourne en pluie vers la surface terrestre, et le cycle recommence. Une partie de l'eau du cycle pénètre, liquide, dans la biomasse. Pompée par les racines des plantes, elle s'évapore au niveau des feuilles, n'étant retenue que pour une faible part (1 %), dans les tissus vivants.

Les *cycles (associés) du carbone et de l'oxygène* à travers la biosphère donnent un autre exemple d'association matière/énergie. La photosynthèse équivaut en effet à la réaction endothermique globale :

$CO_2 + H_2O$ + 112,3 kilocalories → « HCHO » (constituant élémentaire des glucides) + O_2.

Il s'agit d'une *réduction* chimique, par ailleurs *endothermique*, grâce à laquelle de l'énergie est temporairement stockée dans des molécules organiques synthétisées, au taux précis de 112,3 kilocalories pour 12 g de C (44 g de CO_2) assimilés, 32 g d'oxygène évacués. Cette énergie est fournie par le rayonnement solaire, et fixée par la chlorophylle. Ultérieurement, lors des respirations et fermentations et sous l'effet d'autres enzymes, la réaction globale inverse a lieu :

« HCHO » + O_2 → $CO_2 + H_2O$ + 112,3 kilocalories.

L'oxygène libéré par la première réaction est alors consommé, et le gaz carbonique restitué au milieu, dans les mêmes proportions rigoureuses que pour la photosynthèse, avec libération de 112,3 Kcal – sous forme de chaleur non utilisable pour une nouvelle photosynthèse, alors que le CO_2 restitué est réinjectable dans un nouveau cycle.

Redressons à ce propos une erreur courante, répandue même chez des écologistes de bon aloi, consistant à dire que « les forêts produisent de l'oxygène » (affirmation fréquemment retenue en faveur de leur protection ; il existe heureusement, pour cela, d'autres arguments !).

Prétendre que la forêt fournit de l'oxygène revient à la confondre avec son feuillage. Or toute végétation comporte également un *sous-sol* riche en matière organique en cours de décomposition, habité par de nombreux organes et organismes hétérotrophes (racines et rhizomes, champignons, bactéries, animaux fouisseurs) qui, par leurs respirations et par les fermentations aérobies qu'ils suscitent, utilisent de l'oxygène, et restituent du gaz carbonique, exactement dans les proportions de l'assimilation chlorophyllienne. Carbone et oxygène « tournent » donc sans relâche dans le système, sans accumulation ni perte.

Une exception : celle des forêts marécageuses, où le bois tombé et les racines mortes ne se décomposent pas au rythme de leur production – l'oxygène ne pénètrant que lentement dans l'eau. Du carbone est alors *fossilisé*, et un bilan positif d'oxygène est réalisé, dans la proportion mathématique de 32 g d'oxygène libéré pour 12 g de carbone fossilisé. Ce processus fut extrêmement important à l'ère Primaire[1]. De nos jours, les

1. A l'Antécambrien et au début du Primaire, l'atmosphère était très pauvre en oxygène et riche en CO_2 (30 % de CO_2 au début de la vie sur Terre, contre 0,035 % aujourd'hui). Les premières proliférations végétales – algues et bactéries aquatiques d'abord, plantes vasculaires (grandes forêts marécageuses) plus tard – se sont produites en milieu aquatique ou très humide, et chaud en raison de l'effet de serre. Les énormes biomasses produites ont eu du mal à se ré-oxyder en raison de la rareté de l'oxygène dans l'atmosphère et de la lenteur de sa diffusion dans l'eau. Les fermentations anaéobies aboutirent à des molécules organiques incomplètement dégradées, dans lesquelles le carbone (ainsi que l'azote, le soufre...) furent piégés.

L'atmosphère s'est donc appauvrie en CO_2 et enrichie en O_2, en même temps que des masses de carbone se fossilisaient, origine de nos réserves actuelles de combustibles. Quand on compare les stocks actuels de carbone (charbon + gaz naturel + pétrole extractible ou non) aux seules végétations productrices d'oxygène sont les forêts marécageuses et surtout les marais et les tourbières, où du carbone est en permanence piégé.

Quant au stock de carbone de la biomasse actuelle (dont les forêts ne représentent qu'une partie), il représente une fraction négligeable de la réserve planétaire. Oxyder la totalité de la biomasse de la planète, y compris la biomasse marine, reviendrait à consommer un peu plus de 1/10 000 de la réserve d'oxygène – ce qui prouve, au passage, l'exiguïté de la biomasse planétaire actuelle par rapport à ce qu'elle a pu être jadis.

Dire que tout flux d'énergie est associé à *au moins* un cycle de matière signifie qu'en fait, il s'en produit simultanément plusieurs dans chaque circonstance concrète, intéressant :

— les divers éléments constitutifs de la biomasse (C, N, P, S, Si... et tous les oligo-éléments) ;
— les diverses échelles d'espace et de temps : il y a, pour l'azote ou pour le carbone, un cycle au sein même de la plante au cours des saisons, un autre entre la plante et son sous-sol, des cycles à l'échelle d'une forêt ou d'une région, un cycle à l'échelle planétaire. Les temps caractéristiques vont de la fraction de seconde pour les processus intra-cellulaires, à la journée ou à la saison pour une plante individuelle ou un peuplement végétal, à la dizaine d'années dans la lente décomposition d'un arbre mort, aux centaines de millions d'années si l'on considère les masses de carbone immobilisées à l'ère Primaire et que nous brûlons aujourd'hui.

IV. — **Les dynamiques**

Les réseaux trophiques sont modélisables sous forme d'organigrammes comprenant des *compartiments* de bio-

réserves actuelles d'oxygène (oxygène atmosphérique + oxygène dissous dans les masses d'eau + *surtout* oxygène fixé dans les carbonates et sulfates des roches sédimentaires), on aboutit à la proportion mathématique de 32 g d'oxygène libéré pour 12 g de carbone stocké. La *totalité* de l'oxygène actuel est donc est un produit des activités végétales passées, au même titre que le carbone stocké.

masse reliés par des *flux* d'énergie/matière. On tente alors d'en comprendre les *dynamiques*.

1. **Modèles usuels. Avancées récentes.** — Une *dynamique* a comme objectif d'expliquer et/ou de prévoir les fluctuations des variables d'état (biomasses ou effectifs des populations), à partir d'un certain nombre d'hypothèses simples sur les processus en jeu. On dispose à cet effet de *modèles dynamiques*, les uns continus, exprimés par des équations différentielles, les autres discrets, exprimés par des équations stochastiques (équations récurrentes aux différences finies ; chaînes de Markov).

La plus grande masse de résultats disponibles concerne la *dynamique des populations*, qui rend compte des évolutions et des mécanismes de contrôles des populations monospécifiques. Les *communautés multispécifiques*[1] posent plus de problèmes en raison du grand nombre d'interactions simultanées. Enfin, les *réseaux trophiques* considérés globalement font l'objet de dynamiques – chaque modèle reflétant un choix arbitraire de compartiments de biomasse, et de flux de matière/énergie entre ces compartiments. Les mécanismes analysés ici sont tous ceux qui font varier les effectifs et les biomasses : processus de natalité, de croissance, de mortalité, d'immigration ou d'émigration d'individus pour les dynamiques monospécifiques ; relations proies/prédateurs et de compétition dans les modèles décrivant un très petit nombre d'espèces (généralement pas plus de deux ou trois), etc. Les modèles de réseaux trophiques peuvent simuler des dynamiques plus compliquées et enchevêtrées, et peuvent même faire l'objet de considérations thermodynamiques globales (cf. *fonctions-cibles* : § 3 ci-après).

La modélisation de ces dynamiques fait actuellement l'objet de recherches intensives, que nous ne pouvons

1. En français le mot *population* (en anglais : *monospecific population*) désigne l'ensemble des individus d'*une même espèce* vivant et se reproduisant ensemble. L'ensemble des espèces habitant un même milieu constitue un *peuplement*, ou une *communauté* (en anglais : *multispecific population* ou *community*).

développer ici. Nous renvoyons le lecteur aux ouvrages spécialisés[1]. Signalons toutefois l'émergence des *modèles fortement non linéaires* qui introduisent des *singularités* laissant place à une *imprévibilité*, alors même que les équations sont déterministes :

a) Dynamiques à catastrophes et à bifurcations.

La *Théorie des catastrophes*[2], due à R. Thom (voir I. Stewart, 1982 ; J. Aracil, 1984), rend compte de l'issue imprévisible des dynamiques lorsqu'elles passent à proximité de certains points critiques, siège de *bifurcations.*

Appliquée à l'écologie dans un certain nombre de cas (une revue en a été donnée par C. Loehle[3]), elle explique des basculements dynamiques, inexpliqués jusqu'alors ; cependant elle ne peut, par définition, les prévoir. Ainsi, les populations de certains insectes phytophages « explosent » certaines années de façon inattendue, ravagent localement la végétation, puis reviennent à leur densité de départ.

b) La Théorie du chaos déterministe, initiée par les recherches de E. N. Lorenz (1963) en météorologie, a bénéficié depuis quelques années d'un développement considérable, touchant de nombreux domaines scientifiques.

Ce *« chaos »* est obtenu à partir de modélisations rigoureusement déterministes : aucune variabilité aléatoire n'est introduite *a priori.* Pourtant, les trajectoires d'un phénomène peuvent se révéler parfaitement imprévisibles au-delà d'un certain délai temporel. Deux concepts indissociables en sont la signature :

1 / La *sensibilité aux conditions initiales.* Tout se passe

1. Notamment P. Yodzis, *Introduction to theoretical ecology,* New York, Harper & Row, 1989 ; C. Jeffries, *Mathematical modelling in ecology,* Bâle, Birkhaüser Verlag, 1989 ; A. Pavé, *Modélisation en biologie et écologie,* Lyon, Aleas, 1994. Quelques éléments (notamment concernant les catastrophes et le chaos déterministe) en sont également donnés dans S. Frontier et D. Pichod-Viale, *loc. cit.*

2. Pour une présentation élémentaire, voir I. Stewart, *Oh ! catastrophe,* Paris, Belin, 1982 (bande dessinée).

3. C. Loehle, 1989, Catastrophe theory in ecology : a critical review, *Ecol. Modell., 49,* 125-152.

comme si l'imprévisibilité de la trajectoire au voisinage d'un point critique, évoquée à propos des *catastrophes*, s'étendait à tout le processus : il y a « partout bifurcation ».

2 / L'existence d'*attracteurs étranges*. La trajectoire du système, après une période transitoire, pénètre et reste dans une région à géométrie particulière de l'espace d'états, où elle fluctuera ensuite de façon imprévisible, ne passant jamais deux fois par le même point. Certaines dynamiques présentent plusieurs attracteurs ; le système peut alors sauter de façon « catastrophique » et imprévisible (se modifiant au point de n'être plus reconnaissable) d'un attracteur à l'autre.

La présence de dynamiques chaotiques en l'écologie est fortement suspectée, mais non encore prouvée avec certitude. En effet, il est difficile de distinguer, sur une suite temporelle *non très longue*, une trajectoire chaotique d'une trajectoire simplement affectée d'un bruit aléatoire. Or, en écologie, les chroniques très longues sont rares, pour deux raisons : (i) le coût des observations, qui dissuade les chercheurs de les poursuivre très longtemps ; (ii) le fait que les conditions ambiantes (climat, environnement biologique...) sont souvent variables à l'échelle de quelques années, de sorte qu'on n'observe pas la même dynamique sur une longue période de temps. Néanmoins des figures d'aspect nettement chaotique ont été mises en évidence sur des chroniques particulières, telles que les statistiques de vente de fourrures (lynx et lièvres) au Canada durant deux siècles, certains enregistrements épidémiologiques, etc.

En fait, l'imprévisibilité a la même signification, pour le système, qu'elle soit déterministe ou aléatoire. Les *stratégies d'utilisation du hasard* par les systèmes complexes, évoquées plus haut, peuvent s'exercer *via* le chaos dynamique.

2. **Stabilité, résilience et notions connexes.** — La notion quantitative de *stabilité* est cruciale dans la théorie mathématique des *systèmes dynamiques*. Un système est

dit stable si, quand on l'éloigne modérément de sa position d'équilibre, il tend à y retourner. L'équilibre peut être ponctuel (il y a une valeur d'équilibre pour chacune des variables partenaires), cyclique (à l'équilibre, les variables fluctuent périodiquement et indéfiniment, de façon coordonnée), ou « structurelle » (correspondant à la permanence d'un attracteur étrange). Ces concepts sont fréquemment appliqués dans les modèles de dynamique des populations : on s'attend alors à ce qu'une espèce (ou un petit ensemble d'espèces interactives) ait tendance à se diriger spontanément vers son « état stable » après que des perturbations l'en aient éloigné.

Un nombre considérable de travaux ont été consacrés à la recherche des conditions, non biologiques mais *mathématiques* de cette « stabilité ». Le concept est délibérément extrapolé à des systèmes plus complexes, et on pose parfois que tout système s'auto-organise pour être « stable ». La réalité n'est pas aussi simple.

La notion de « stabilité », tout d'abord, est souvent ambiguë car mal définie. On peut l'entendre comme *invariance quantitative* : constance approximative de certains caractères quantitatifs d'un peuplement (biomasse, production par hectare...) en dépit des variations des conditions ambiantes et des changements de composition spécifique. On évoque, dans ce cas, des mécanismes *homéostatiques* – étendant aux systèmes écologiques un concept au départ physiologique. Ce type de stabilité se constate parfois ; cependant le contraire est observé aussi, et des instabilités à court terme, à valeur adaptative, peuvent se muer en une cohérence à long terme.

On met également l'accent sur :

— la rapidité du retour à l'état antérieur après perturbation : c'est l'*élasticité* du système ;
— la *robustesse* d'un peuplement, souvent observé lorsque celui-ci est adapté à une agressivité et une variabilité fréquentes du milieu ; la *permanence* du peuplement est alors surtout due à la robustesse d'un petit nombre d'espèces capable d'y résister, ou bien à une saturation du milieu ;
— une invariance de la dynamique d'ensemble : c'est la *stabilité de trajectoire*. Etc.

L'*invariance qualitative* ou *résilience* est la constance de la composition du système écologique. Celui-ci est réputé « résilient », indépendamment de ses fluctuations quantitatives, si, en revenant sur le terrain, on y observe les mêmes espèces et le même ensemble d'interrelations.

Alors que les modèles dynamiques usuels établissent les conditions mathématiques d'une *stabilité quantitative*, la *résilience* d'un système réel n'est souvent possible qu'au prix de fluctuations quantitatives importantes, dites *fluctuations adaptatives*. Les espèces se remplacent quantitativement, tout en restant présentes. Il y a antinomie entre « stabilité quantitative » et « stabilité qualitative » ou résilience.

En fait, *un écosystème n'est jamais stable,* il n'est jamais non plus « en équilibre », ni ne tend à le devenir (contrairement à une opinion trop répandue chez les défenseurs de la nature, la notion d'instabilité ayant une connotation péjorative). Sa survie implique qu'au contraire il soit *en perpétuelle mouvance*, sans cesse en train d'évoluer, de fluctuer qualitativement et quantitativement, parfois de façon imprévisible, et sans qu'il s'agisse toujours d'une adaptation au coup-par-coup. Il reste toutefois, et parfois très longtemps, à l'intérieur d'un état *reconnaissable* défini de façon assez large, qui n'est pas sans évoquer un attracteur étrange « structurellement stable ». Il change, en revanche, d'état (ainsi que d'identité, de nom, etc.) chaque fois qu'il bascule d'un attracteur dans un autre.

La question de la permanence et de l'adaptabilité des systèmes ne sera, en fait, traitée valablement que dans le cadre de l'*évolution des écosystèmes* (§ IX ci-après).

3. **Énergétique de l'écosystème global : fonctions cibles *(goal functions).*** — La variation d'entropie n'est pas suffisante pour prévoir l'évolution d'un système complexe. D'autres fonctions, dites *goal functions* (« fonctions-cibles ») ont été recherchées, dont la maxi-

misation puisse rendre compte des tendances observées. Cette approche récente, encore très abstraite mais prometteuse, constitue une *thermodynamique* (ou une *phénoménologie*, comme l'écrit R. E. Ulanowicz[1]) *des réseaux d'énergie.* Certains « facteurs de qualité » y expliquent l'auto-organisation du réseau, quantifiée en termes d'augmentation de l'*information de structure* (cf. § V). On définit ainsi[2] les fonctions :

— *émergie :* quantité d'énergie solaire nécessaire au stockage d'une unité d'énergie dans la biomasse d'un compartiment énergétique donné ;
— *exergie :* énergie libre de la biomasse incorporée dans la structure ;
— *ascendance :* fonction composite, exprimée comme le produit du flux d'énergie total traversant le système, par la quantité d'information[3] contenue dans le réseau ;
— *importance relative des effets indirects par rapport aux effets directs* (théorie de C. Patten) ;
— *capacité tampon* (pouvoir global de régulation du système).

Toutes augmentent quand on passe à des niveaux de plus en plus organisés ; elles orientent donc l'auto-organisation du système. Cependant elles restent, en l'état actuel, assez abstraites et ne sont calculables que sur des *modèles* de réseaux trophiques. Malgré tout, des résultats d'un grand intérêt ont été obtenus, concernant notamment l'explication et la prévision des *eutrophisations* (cf. p. 55) de masses d'eau. Les auteurs considèrent avoir saisi là le noyau d'une future approche « dure » du développement des écosystèmes.

1. R. E. Ulanowicz, *Growth and development : ecosystem phenomenology,* New York, Springer Verlag, 1986, et *Ecology, the Ascendence perspective,* New York, Columbia Univ. Press, 1997.

2. Voir par exemple l'exposé synthétique de S. E. Jørgensen, 1994, Review and comparison of goal functions in system ecology, *Vie et Milieu, 49,* 11-20.

3. Pour un exposé élémentaire de la théorie de l'information et de son application à la biologie et à l'écologie, voir S. Frontier et D. Pichod-Viale, *loc. cit.,* et pour plus de développements, H. Atlan, *L'organisation biologique et la théorie de l'information,* Paris, Hermann, 1972.

V. — L'information interne. La diversité

Après la matière et l'énergie, nous passons à une troisième « denrée » circulant dans les réseaux écologiques : l'*information*[1].

1. **Diversité fonctionnelle.** — Un système d'interactions fonctionne sur la base d'une *diversité de fonctions et de rôles* : une société ne pourrait fonctionner sans une diversité de métiers interactifs, ni un organisme sans une diversité de fonctions physiologiques.

C'est dans cette optique que se définit aujourd'hui la notion de *niche écologique*. Ce terme, de création ancienne, a d'abord désigné l'habitat d'une espèce, environnement biologique inclus. Depuis E. P. Odum[2], on la définit plutôt comme son emplacement dans un réseau d'interactions, autrement dit son *rôle dans l'écosystème* : « L'habitat d'une espèce est son adresse, la niche est sa profession » écrit Odum. La *diversité des niches* apparaît alors comme un caractère essentiel du fonctionnement de l'écosystème.

On peut quantifier la diversité fonctionnelle d'un système par la *quantité d'information* contenue dans sa structure. On calculera la quantité d'information nécessaire à la description de cette structure en tant que mesure de son « improbabilité », ou de « distance » par rapport à l'état le plus probable qui est... l'absence de structure.

On se heurte tout de suite à une *relativité de cette quantité par rapport à l'observateur*. Cette description dépend en effet de *l'échelle d'observation*, ainsi que du *grain* de la description (on peut rechercher la diversité du peuplement vivant complet d'un lac, ou seulement de ses poissons, ou d'une famille de poissons, ou d'un com-

1. Cf. n. 3, p. 43.
2. E. P. Odum, *Fundamentals of Ecology*, Philadelphie, Saunders, 1971 (1re éd. 1953).

partiment trophique...). L'information quantifie la description choisie.

On pense d'abord à un « choix » humain ; en fait, cette relativité est rien moins que subjective. Une structure n'est en effet *perçue* par son environnement qu'à une certaine échelle et selon une certaine résolution (donnée par l'ensemble des états discernables). Ainsi, un prédateur éclectique dispose d'un certain intervalle de tailles de proies possibles, pouvant appartenir à des taxons variés : seule l'information concernant la taille de la particule vivante sera « perçue » par le prédateur, les espèces n'étant pas discernées. Au contraire, s'il s'agit d'évaluer la capacité de régulation de cette ressource alimentaire, la diversité taxonomique des organismes dans cette classe de taille sera envisagée, car si des espèces disparaissent, leurs niches en tant que proies sont reprises par d'autres.

2. **Diversité taxonomique : sa quantification.** — La *diversité taxonomique* se rapporte à la variété des taxons[1] présents dans l'écosystème. On parle le plus souvent de *diversité spécifique* (désignant la variété des espèces), alléguant que les *rôles* distincts et complémentaires développés dans un système écologique sont assumés par des *espèces* distinctes. Mais tout ce que nous en dirons est généralisable à toute autre *diversité taxonomique* (diversité de genres, de familles...).

Pour des raisons pratiques, on se contentera de décrire une partie de la biocoenose, dite *taxocoenose*, définie soit par un groupe taxonomique, soit par un intervalle de taille, soit par une technique de collecte... : diversité des poissons d'un lac ; des arbres, herbes, coléoptères ou champignons d'une forêt ; du plancton d'une certaine classe de tailles (c'est-à-dire récolté avec un filet d'une certaine maille), etc. La *diversité* appréhendée semble alors arbitraire. Toutefois, l'expérience montre

1. Un *taxon* (ou *unité taxonomique*) désigne une unité de rang quelconque de la classification animale et végétale : par exemple une espèce, un genre, une famille...

que ces « diverses diversités » sont fortement corrélées : quand la diversité spécifique des arbres augmente ou diminue, il en est de même de celle des oiseaux, des champignons, des insectes... du même milieu.

Différents *descripteurs de la diversité* sont utilisés :

a) Le plus simple, à première vue, est le *nombre d'espèces* inventoriées, ou *richesse spécifique*. Toutefois sa mesure est problématique, car le nombre d'espèces recensées varie avec l'effort d'échantillonnage. Même quand on semble avoir atteint un palier, en poursuivant la collecte on découvrira de nouvelles espèces (le nombre d'espèces recensées augmentant souvent comme le logarithme du nombre d'individus capturés). Il est difficile de convenir d'un effort standardisé valable pour les différents groupes taxonomiques et les différents écosystèmes que l'on se propose de comparer. On recherchera donc un indice plus sophistiqué :

b) Indice de diversité mathématique.

On pourrait adopter comme tel la vitesse d'accroissement du nombre d'espèces S, lorsque croît le logarithme du nombre d'individus N (c'est l'*indice de Gleason*, à valeur historique). Cependant, on utilise surtout aujourd'hui l'*indice de Shannon*, qui est une *entropie* au sens de la Théorie de l'information[1]. En appelant F_i les abondances relatives (ou fréquences) des espèces dans l'inventaire, on obtient l'expression :

$$H = -\Sigma(F_i \,.\, \log_2 F_i),$$

(somme étendue aux S espèces présentes ; logarithmes de base 2), qui exprime une *quantité d'information moyenne par individu*, et indique la « richesse du message » constitué par l'inventaire.

L'expression permet de distinguer les deux composantes de la *diversité*. Cette dernière dépend, en effet, à la fois du nombre total d'espèces recensées et de leurs proportions mutuelles. Par exemple si, sur 100 espèces, une

1. Voir n. 3, p. 43.

ou deux constituent la presque totalité de l'effectif, les 98 autres étant rares, la collection donnera l'impression d'une diversité faible (fig. 6*a*). Si au contraire, pour un même nombre d'espèces, celles-ci (ou un grand nombre d'entre elles) ont des fréquences peu différentes, on percevra une diversité élevée (fig. 6*b*).

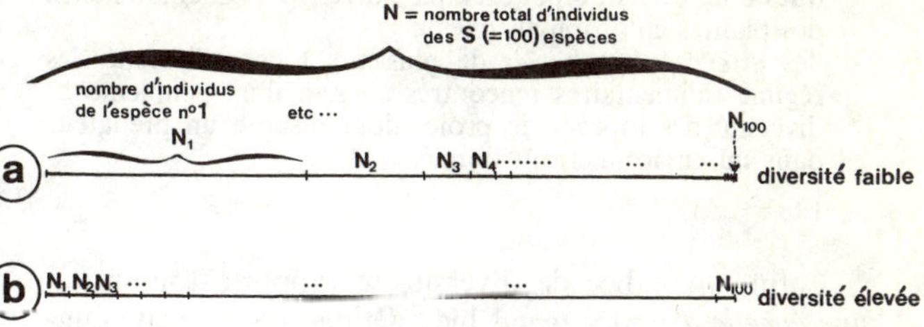

Fig. 6. — Répartition d'un nombre N d'individus en 100 espèces distinctes.
N_i est le nombre d'individus de l'espèce numérotée *i* (= 1 à 100).
Les espèces son classées de gauche à droite par abondances décroissantes.

Cette seconde composante de la diversité est appelée *régularité*. Pour un nombre d'espèces donné, elle est maximale si ces espèces sont exactement équifréquentes, minimale si une seule d'entre elles est dominante et les autres très rares. En cas d'équifréquence, l'abondance relative de chaque espèce est égale à 1/S, et l'indice de diversité se réduit à $H_{max} = \log_2 S$. La *régularité* de l'inventaire est le rapport (compris entre 0 et 1) :

$$R = H/H_{max} = H/\log_2 S.$$

L'indice de Shannon peut alors se réécrire $H = R \cdot \log_2 S$, produit des deux composantes évoquées : *régularité* et *nombre d'espèces* (ce dernier exprimé en log de base 2).

Ces indices peuvent être calculés en mesurant les abondances des espèces en termes nombres d'individus (N_i), mais aussi en termes de biomasses, permettant d'associer dans un même calcul des espèces de tailles très différentes (1 souris et 1 éléphant ne paraissent pas équivalents pour caractériser la diversité d'une faune de savane ; on comparera par contre 1 t de souris et 1 t d'éléphant). Les deux indices de diversité sont généralement distincts et faiblement corrélés, ce qui est normal car ils décrivent des caractères structuraux différents. On peut enfin définir :

— des *diversités biochimiques* : diversité de composants chimiques d'un certain type (exemple : diversité pigmentaire chez des plantes chlorophylliennes) ;
— des *diversités trophiques* de plusieurs types : diversité des régimes alimentaires rencontrés au sein d'un peuplement ; diversité des espèces de proies dont dispose un prédateur dans un environnement donné.

Etc.

Enfin, un indice de diversité se rapporte toujours à une *échelle d'espace-temps* bien définie. La diversité augmente par apport d'espèces nouvelles si l'on augmente l'aire inventoriée, ou si l'on prolonge l'observation. La vitesse de croissance de l'indice quand croissent l'espace et/ou le temps prospectés est un indicateur de structure du système – en l'occurrence un indicateur de sa stratégie d'occupation de l'espace-temps (cf. § VI) : il n'est pas équivalent d'observer une diversité localement élevée, ne croissant ensuite que lentement quand on augmente l'espace observé ; ou une diversité localement faible, augmentant ensuite jusqu'à atteindre une valeur importante sur un domaine vaste.

Les valeurs de H se situent, quelles que soient les échelles d'observation et les biocénoses, dans un intervalle assez étroit allant de valeurs inférieures à 1 pour les communautés très peu diversifiées, à des valeurs de l'ordre de 4,5 ou un peu plus (exceptionnellement 5) pour les plus diversifiées. Les valeurs maximales sont toujours inférieures à celles déduites du nombre d'espèces dans l'hypothèse d'équifréquence (pour 128 espèces, $H_{max} = \log_2 128 = 6$; pour 1 024 espèces, $H_{max} = 10$; or dans chaque cas, $H_{observé}$ est < 5). En portant sur un graphique bidimensionnel de nombreuses observations [$x = H_{max} = \log_2 S$; $y = H_{observé}$], Kikkawa (1986) observe que tous les points se placent au-

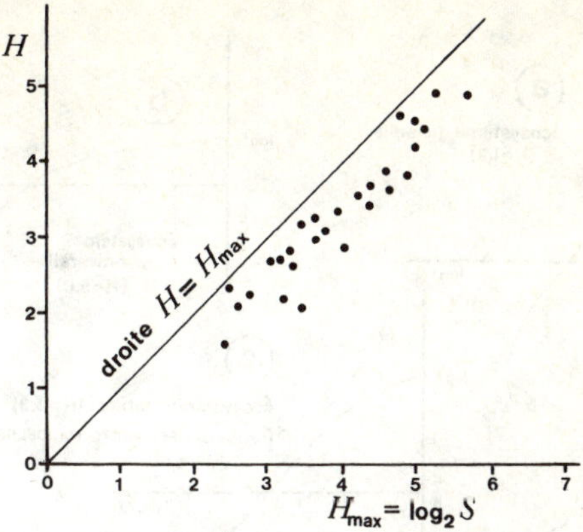

Fig. 7. — Corrélation entre la diversité observée H et la diversité maximale théorique $H_{max} = \log_2 S$, où S est le nombre d'espèces. (D'après Kikkawa, 1986, modifié.)

dessous de la diagonale d'équation $H = H_{max}$ (fig. 7). Nous interpréterons cette régularité au § 3.

c) Un indice numérique est souvent considéré comme insuffisant. On décrira dès lors la collection par une *distribution d'espèces,* généralement représentée par un *Diagramme diversité-dominance* ou *Diagrammes rang-fréquence (DRF)* obtenu en :

1 / classant les espèces de l'inventaire dans l'ordre des abondances décroissantes ;

2 / portant en abscisses le rang de chaque espèce dans ce classement, en ordonnées son abondance (absolue ou relative) dans la collection. Il est commode de représenter les ordonnées, et parfois aussi les abscisses, en logarithmes. On obtient des courbes (décroissantes par construction) montrant des *profils caractéristiques des diverses communautés,* corrélés à leurs indices de diversité, mais le précisant (fig. 8).

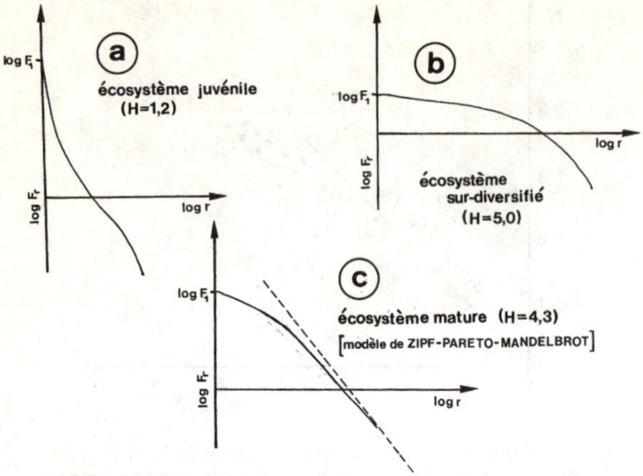

Fig. 8. — Exemples de diagrammes rangs-fréquences : r = rang d'une espèce de fréquence F_r dans un classement par fréquences décroissantes.

Divers modèles mathématiques ont été proposés pour rendre compte de ces distributions (voir S. Frontier et D. Pichod-Viale, *loc. cit.*). Un des modèles, celui de Zipf-Pareto-Mandelbrot[1], fondé sur une loi puissance (cf. Per Bak, *loc. cit.*), fait apparaître une dimension fractale de la diversité ; ce modèle, par ailleurs, peut s'expliquer par une *optimisation d'un grand système de communication* – interprétation d'un grand intérêt écologique, puisqu'un écosystème possède ce caractère.

1. Cette loi, de formule $F_r = F_o \, .(r + \beta)^{-\gamma}$ (où F_r est la fréquence de l'élément de rang r, et F_o, β, γ des paramètres) a été d'abord établie par Pareto dans des domaines socioéconomiques, puis par Zipf dans la structures des langages. Son aspect fractal a été établi par B. Mandelbrot (*Les objets fractals,* Paris, Flammarion, 1983, 1re éd. 1975).

3. **Diversité taxonomique : son importance fonctionnelle.** — La diversité taxonomique, descriptive, ne reflète pas exactement la diversité fonctionnelle – loin s'en faut. Les espèces inventoriées peuvent montrer des biologies, des tailles individuelles, etc., très voisines ou très différentes, jouer des rôles très voisins ou très différents. Certaines espèces sont irremplaçables et leur disparition entraîne une réorganisation du système, ou sa régression vers une forme moins organisée : ce sont des *espèces clés*. D'autres sont plus ou moins interchangeables, la dominance de l'une ou de l'autre étant liées aux circonstances et à l'histoire du système : ce sont des *espèces redondantes* – précieuses également pour le système, car si l'une d'elles vient à se raréfier, une autre est prête à proliférer pour la remplacer dans son rôle.

Si imparfaite qu'elle soit, la diversité spécifique est cependant un *indicateur du degré de complexité du système*, comme l'est la diversité des métiers dans une société humaine. Elle permet des comparaisons, justifiées par la relation structures/fonctions. La diversité spécifique se reflète dans celle des cheminements de matière, d'énergie et d'information qui bâtissent l'écosystème : toute altération d'un cheminement voit ses effets tamponnés par l'existence d'autres cheminements possibles (loi cybernétique de la *requisite variety*).

Cependant, certains écosystèmes très peu diversifiés fonctionnent néanmoins sans heurts. On ne le comprendra qu'après analyse des *évolutions* manifestées par les écosystèmes dans des conditions variées de stress, pouvant aboutir à des *faciès* d'adaptation ou de vieillissement, pauvres en espèces mais durables (§ IX.2 et 3).

Une mise au point récente sur les relations entre diversité fonctionnelle et diversité taxonomique peut être trouvée dans l'ouvrage collectif de Schultze et Mooney[1]. Il en est conclu que la *fonction écologique de la diversité*

1. E. D. Schultze et H. A. Mooney (éd.), *Biodiversity and the Ecosystem function*, Springer Verlag, 1994.

taxonomique est loin d'être univoque. Elle existe cependant à coup sûr : la preuve en est que l'indice de Shannon, qui la mesure, augmente lors d'une évolution non perturbée d'écosystème, diminue après une perturbation, et ne peut prendre n'importe quelle valeur dans l'intervalle mathématique de définition [$H_{min} = 0$; $H_{max} = \log_2 S$]. On remarque que :

a) Une diversité trop faible ne peut être maintenue hors d'une intervention extérieure, qu'elle soit due à l'homme (champ de blé qui, laissé à lui-même, se laisse envahir par des « mauvaises herbes » et des insectes « ravageurs »... qui ne font que rétablir une diversité fonctionnelle), ou à un facteur extérieur (comme dans les marais maritimes, où les conditions de salinité et d'envasement variables sélectionnent un très petit nombre d'espèces tolérantes, proliférant grâce à l'absence d'espèces concurrentes).

b) La diversité n'est jamais, non plus, durablement très élevée. Quand des valeurs de H de l'ordre de 4,8 ou plus sont observées, elles sont fugitives, vite suivies d'une diminution reflétant une réorganisation du peuplement. Il apparaît que *trop de diversité nuit*[1].

Si la diversité dépasse sa valeur optimale, le système ne retrouve une dynamique bien tamponnée qu'à la suite d'une réorganisation, impliquant une diminution de la diversité. C'est sans doute pour cette raison qu'on

1. Des *simulations informatiques* déja anciennes (R. M. May, 1975) prouvent que des systèmes d'interactions *trop* diversifiés sont peu « stables », au sens qu'ils perdent rapidement une partie de leurs éléments, et acquièrent une structure plus simple et plus durable. L'argument avait été retenu, à l'époque, à l'encontre de l'hypothèse simpliste « diversité/stabilité », en soulevant l'ambiguïté, signalée plus haut, sur le terme « stabilité ».

Cette règle s'observe dans tous les systèmes complexes et se justifie intuitivement : si, dans un système, chaque élément devait interagir avec un *trop* grand nombre de partenaires, la multiplicité des signaux qu'il recevrait à chaque instant lui interdirait tout comportement cohérent... comme dans ces Institutions où chaque exécutant reçoit, à tout moment, des ordres d'un trop grand nombre de supérieurs hiérarchiques.

observe, même dans les communautés à diversité élevé, des espèces rares à côté des espèces abondantes. Cette discussion sera reprise au § VII à propos de la *connectance*.

VI. — L'occupation de l'espace-temps

1. **Hétérogénéité spatiale, variabilité temporelle, interfaces.** — Le concept d'écosystème est encore trop souvent défini indépendamment de tout cadre spatio-temporel, comme un « système de flux entre organismes et entre ceux-ci et leur environnement, auquel il est difficile d'assigner un contour spatial et temporel »[1]. Or *un système écologique est fondamentalement structuré dans l'espace-temps*. Y a-t-il contradiction ? Non, si l'on renonce à délimiter géométriquement un écosystème par une frontière *qui l'isole*, et en ne définissant que des flux et des interactions *internes*.

Toute « frontière » présumée est, en fait, une *interface*, c'est-à-dire autant une séparation qu'une structure d'échange avec l'environnement. Par elle, l'écosystème à la fois s'individualise par rapport à ce dernier, et échange en permanence avec lui. L'espace divise l'écosystème selon une *mosaïque hiérarchisée* (§ VII) de parties interactives. Le temps sert de cadre aux flux et dynamiques, mais agit aussi par des *alternances* périodiques ou intermittentes et par des *transitions*, ayant toutes valeur fonctionnelle. Espace et temps, enfin, sont associés dans les *déplacements* d'organismes ou de matière inerte.

L'écosystème d'une masse d'eau marine ou lacustre, hors zones de remontée d'eau, fonctionne grâce à une séparation spatio-temporelle entre production et consommation. La production végétale a lieu pendant le jour et en surface, pendant que la majorité du zooplancton herbivore se trouve en profondeur. La nuit, ce zooplancton migre en surface et consomme la

1. *In* P. Auger, J. Baudry et F. Fournier (éd.), *Hiérarchies et échelles en écologie*, Paris, Naturalia, 1992.

biomasse végétale synthétisée le jour d'avant. Le phytoplancton peut ainsi proliférer pendant qu'il est illuminé, sans être bridé par une consommation immédiate. Il est ponctionné pendant la nuit, et se retrouve au point de départ le matin suivant.

A l'échelle de l'écosystème, il s'agit à la fois d'une stratégie trophique et d'une stratégie d'utilisation de l'espace-temps.

L'importance de la division spatio-temporelle tient à ce que, parmi la grande variété de processus *nécessaires*, certains sont *incompatibles*. Ainsi, fait remarquer Margalef, une enzyme responsable de la synthèse d'une molécule, et une autre responsable de sa dégradation, ne peuvent coexister : elles sont obligatoirement séparées dans l'espace-temps. Les produits qu'elles ont transformés se déplacent ensuite dans le milieu, intervenant ailleurs et plus tard sur d'autres mécanismes.

De façon générale, les écosystèmes sont organisés selon une véritable *stratégie d'occupation de l'espace-temps* leur permettant d'utiliser au mieux leur environnement. D'où la répartition très fréquente des populations et peuplements naturels en « taches » *(patches)* et en « mosaïques » – pas toujours (loin s'en faut) déterminées par l'hétérogénéité du substrat : les mosaïques forêt-savane s'installent et se maintiennent même si le milieu est au départ homogène ; l'explication en apparaîtra au § X.

Enfin, les taches sont interactives *via* des déplacements de matière (vivante et inerte) à travers leurs frontières. Un nouvel écosystème s'organise à une échelle supérieure, la dynamique de chaque tache s'en trouvant modifiée (cf. « Troisième principe » de la systémique). On voit que l'hétérogénéité spatiale, tout comme la variabilité temporelle et les alternances, sont loin de ne représenter qu'un « bruit de fond » brouillant les phénomènes principaux.

Nous verrons enfin (§ VII) que cette hétérogénéité spatio-temporelle montre des emboîtements hiérarchiques.

2. **Délimitation et taille d'un écosystème.** — La « délimination » d'un écosystème (nécessaire pour l'étudier ou

l'exploiter) n'est pas arbitraire. La recherche des interfaces et des alternances naturels est décisive pour identifier le système d'interactions intéressant. On constate alors que la *taille d'un écosystème* (cf. n. 1, p. 20) est un facteur décisif de son fonctionnement : *un petit écosystème n'est jamais le modèle réduit d'un grand.*

Ainsi, pour le milieu aquatique, un étang n'est pas le modèle réduit d'un lac, ni un lac celui d'une mer : il s'y passe d'autres choses, tant au sein de la masse d'eau qu'à ses frontières : l'hétérogénéité n'est pas la même ; les déplacements y sont de moindre amplitude ; enfin, en raison de l'accroissement du rapport surface/volume, l'interface avec l'extérieur diminue quand la taille augmente (une *géométrie fractale* peut toutefois y suppléer : voir plus loin). En conséquence, des évolutions « catastrophiques » (aux deux sens du terme : basculements d'une dynamique ; désastres pouvant en résulter) peuvent avoir lieu dans des écosystèmes de faible étendue spatiale, alors qu'elles sont tamponnées si l'espace est suffisant.

L'*eutrophisation* d'un écosystème aquatique est provoqué par une accumulation locale de matière organique. Cette dernière, en s'oxydant, épuise l'oxygène du milieu, provoquant la mort des organismes – ce qui augmente encore le taux de matière organique décomposable. La production biologique s'interrompt.

Le phénomène ne se produit que dans de petits volumes d'eau peu mobiles : étangs, lagunes côtières, et non dans les eaux courantes, ni dans de grandes masses d'eau où la matière organique morte peut être diluée et transportée par les courants. On pallie l'eutrophisation d'une lagune côtière en l'ouvrant temporairement sur la mer : la matière organique est alors évacuée, diluée, enfin « digérée » par le réseau trophique marin.

L'implication est grande au niveau expérimental. Par exemple, la *turbulence hydrodynamique*, qui joue un rôle clé dans l'écologie des masses d'eau (voir § VIII.3), est atténuée voire annulée sur un volume d'eau emprisonné. La paroi artificielle, en même temps, interrompt les échanges avec l'extérieur. Il se constitue un *autre* système. On exagère à peine en disant que, dès que l'on met de l'eau de mer en bouteille, ce n'est plus de l'eau de mer !

Dans les applications, l'écosystème est souvent défini à l'échelle spatio-temporelle de l'action envisagée. Il importe alors d'éviter les délimitations arbitraires (cadastrales par exemple). Cependant, l'action humaine modifiant *à sa propre échelle* le système exploité, l'intention rejoint l'objectivité puisque la partie modifiée du paysage devient un nouveau système, ayant sa dynamique propre (mais non isolé pour autant !). N'oublions pas, toutefois, que la gestion de la planète exige une vision multi-échelles – la question de l'interaction entre échelles successives (ou *transfert d'échelles*) restant une des plus ardues de l'analyse moderne des systèmes.

3. **Occupation fractale de l'espace-temps**[1]. — L'occupation de l'espace-temps par la matière vivante est à dominance *fractale*, de l'échelle des mitochondries à celle des lisières et des rivages – en passant par toutes les morphologies et architectures d'organes et organismes : poumons, lichens, colonies coralliennes... Les trajets des organismes recherchant leur nourriture sont chaotiques et fractals, ainsi que le partage hiérarchique du temps entre les différents processus biologiques et écologiques.

Une telle géométrie a un rôle fonctionnel. En effet l'organisation de la matière vivante implique, à toutes les échelles, que des *volumes* de matière soient gérés par des *surfaces*, à travers lesquelles se réalisent les échanges nécessaires de matière et d'énergie. Or, en géométrie euclidienne, le rapport surface/volume diminue quand le volume, et donc la masse, s'accroissent. Une croissance qui aurait lieu sans modification de géométrie rendrait les surfaces d'échange rapidement insuffisantes. Au

1. Voir B. Mandelbrot, *loc. cit.*, et pour une présentation élémentaire I. Stewart, *Les Fractals,* Paris, Belin, 1982 (bande dessinée). Pour l'application à l'écologie : S. Frontier et D. Pichod-Viale, *loc. cit.*

contraire, le foisonnement et le morcellement géométriques caractérisant toutes les granulométries, rugosités, structures bulleuses ou arborescentes constatées dans la biomasse permettent une croissance des surfaces au *prorata* des volumes. De la même façon, la géométrie fractale d'une trajectoire d'organisme augmente considérablement, par rapport à un trajet linéaire, la fréquence de ses rencontres avec les éléments de son environnement (ses proies par exemple). Enfin, des alternances dans le temps (autorisant des processus complémentaires, mais incompatibles), en étant fractales, peuvent influencer simultanément des processus d'échelle temporelle variée et des dynamiques emboîtées.

Parallèlement, on observe une *utilisation par la biomasse de la géométrie fractale du milieu.* Les racines ramifiées s'insinuent dans un sol à granulométrie fractale, augmentant dans des proportions considérables le contact entre substance végétale et substrat minéral. Les enrochements rugueux offrent des surfaces d'installation supérieures aux surfaces lisses. La *turbulence des fluides* (cf. § VIII) possède, elle aussi, une dimension fractale : ses tourbillons se résolvent en tourbillons de plus en plus petits et de plus en plus nombreux, jusqu'à l'échelle moléculaire où ils se résolvent en viscosité.

Enfin les organismes restructurent parfois eux-mêmes de façon fractale leur milieu de vie.

VII. — La structure hiérarchique

Le principe hiérarchique a été largement évoqué à propos des systèmes en général, notamment des systèmes vivants. En biologie et en écologie, un emboîtement fonctionnel coïncide souvent avec un emboîtement spatio-temporel (tant est déterminante l'inscription des structures dans l'espace-temps), et on y retrouve une organisation fractale :

— dans l'espace : le milieu étant hétérogène, des régions distinctes abritent des processus distincts ; ceux-ci

interagissent au niveau des points de contacts, et/ou grâce aux déplacements d'organismes ; de ces interactions naît un *système* d'ordre supérieur (et ainsi de suite par emboîtements successifs) ;
— dans le temps : au sein d'une même région, certains sous-ensembles ont des dynamiques rapides, s'intégrant en des dynamiques globales un peu plus lentes, et ainsi de suite ;
— espace et temps, enfin, sont liés : à petite distance les interactions se produisent et s'enchaînent rapidement ; à plus grande distance, elles nécessitent des migrations de matière/énergie et provoquent des réponses différées.

La hiérarchie d'un réseau est inscrite dans sa *connectance* ou *connectivité*, qui mesure son degré d'interconnexion. Se limitant aux liaisons fortes et rapides, on constate le nombre de connexions réalisées et on le compare au nombre maximal possible calculé par combinatoire. La connectance est le rapport (compris entre 0 et 1) entre ces deux nombres. Elle complète le concept de la *diversité spécifique* : en effet, cette dernière est calculée comme si toutes les espèces étaient potentiellement équivalentes du point de vue de leurs interconnexions – c'est-à-dire comme si la connectance était maximale. La principe hiérarchique impose, au contraire, que de nombreuses interactions directes ne soient pas réalisées.

Certaines conditions de *durabilité d'un système complexe* s'en déduisent : c'est la connectance, et non la diversité brute qui, si elle est exagérée, aboutit à la « déstabilisation » du système et à sa régression vers une structure plus simple (cf. § V.3). Les simulations informatiques montrent que si l'on augmente la connectance d'un système, sa durée de vie s'effondre au voisinage d'une connectante de 10 % (May) ou de 20 % (Ulanowicz). Rappelons toutefois l'importance des interactions indirectes dans les écosystèmes (théorie de Patten, § I) : elles se traduisent par des effets décalés dans le temps et parfois dans l'espace, ayant valeur de modification de l'environnement.

VIII. — Les relations physique-biologie

1. ***L'énergie auxiliaire.*** — Cette notion figure parmi les meilleures avancées récentes de l'écologie. Elle qualifie une énergie ne transitant pas par les chaînes alimentaires, mais néanmoins nécessaire, et qui fait partie de l'écosystème puisque ce dernier inclut, par définition, les interactions biomasse/milieu physique.

Il s'agit principalement d'une *énergie de mise en mouvement des fluides* (atmosphère, masses d'eau) dans lesquels se développent les biomasses. Ces mouvements agissent sur la biosphère à l'instar d'une immense « circulation sanguine » planétaire, ayant pour effet de réunir des éléments de l'écosystème destinés à interagir, de les faire coïncider (« co-varier ») dans l'espace-temps – d'où le terme d'*énergie de covariance* introduit par Margalef[1].

Comme l'énergie trophique, l'énergie auxiliaire est d'origine essentiellement solaire. Vents et courants sont, en effet, mis en mouvement par des échauffements différentiels.

Le *cycle de l'eau* (§ III.3), nécessaire à l'écosystème, a pour moteur unique cette énergie auxiliaire.

Une plante terrestre doit disposer à la fois d'énergie lumineuse, reçue par ses parties aériennes, et de sels nutritifs (nitrates, phosphates...), en réserve dans le sol. Or la lumière ne pénètre pas dans le sol. La plante est donc traversée par un courant permanent d'eau absorbée par les racines, entraînant jusqu'aux feuilles des éléments nutritifs dissous, et s'éliminant par *évapo-transpiration.* On peut calculer (Frontier et Pichod-Viale, *loc. cit.*) qu'une plante herbacée utilise entre 20 et 40 fois plus d'énergie à faire ainsi transiter les sels nutritifs du sol vers ses parties chlorophylliennes, qu'à effectuer sa photosynthèse. Les sels nutritifs seront ensuite régénérés dans le sol par décomposition et minéralisation des parties mortes, et le cycle recommence.

1. R. Margalef, *Ecologia,* Barcelone, Omega, 1980.

Au sein d'une masse d'eau lacustre ou marine, le cycle des éléments nutritifs est comparable, bien que supporté par des phénomènes physiques différents. La photosynthèse, active dans les couches superficielles bien éclairées, épuise celles-ci en minéraux nutritifs. La biomasse produite, qui accumule ces derniers, présente une densité légèrement supérieure à celle de l'eau (même de mer). La chaîne alimentaire aboutit à des organismes de plus en plus grands, de densité inchangée, qui sédimentent après leur mort et sont dégradés par les bactéries dans les couches profondes. Les éléments minéraux sont donc restitués en profondeur, là où il n'y pas de lumière, comme dans le sol. Pour que se poursuive la biosynthèse, il faut que les sels nutritifs remontent jusqu'à la surface, ce qu'ils font en profitant de remontées d'eau profonde (turbulences ; grands courants verticaux ou *upwellings*)[1] – d'où le rôle fertilisant des tempêtes d'une part, des courants ascendants d'autre part.

Les phénomènes purement atmosphériques interviennent également : plus d'un milliard de tonnes de silice sont apportés chaque année, par les vents en provenance du Sahara et du Sahel, aux eaux de l'Atlantique oriental, précisément dans une zone approvisionnée en phosphates et nitrates par l'*upwelling* mauritanien – rendant possible une énorme prolifération des Diatomées (algues planctoniques à thèque siliceuse), suivie d'une chaîne alimentaire à poissons exploités par les pêcheries. Il en est de même au large du Pérou, sur la côte occidentale d'Australie, etc.

Ces déplacements d'eau et d'air mobilisent des quantités d'énergie considérables, disproportionnées par rapport à celle des phénomènes biologiques qu'ils pilotent. En fait, l'énergie auxiliaire agit de façon non pas quantitative mais *qualitative*, mettant en présence les éléments qui doivent d'interagir : éléments minéraux, rayonnement lumineux, cellules vivantes à chlorophylle. Aucun rapport quantitatif précis ne relie l'énergie cinétique des fluides à l'énergie stockée dans la biomasse ; tout au plus établit-on des corrélations locales.

2. ***Résonance* ou *tuning* entre phénomènes physiques et biologiques.** — Ce qui compte, en fin d'analyse, est non la *quantité* d'énergie auxiliaire mais la *précision d'ajustement* des mécanismes physiques et biologiques en inter-

1. Pour le schéma d'un *upwelling*, voir G. Seguin *et al.*, *Le plancton*, coll. « Que sais-je ? », fig. 26.

action. Quand, par exemple, les premiers sont rythmiques, leur fréquence doit correspondre à celle des phénomènes biologiques pour que ces derniers se déroulent sans à-coup. On dit qu'une *résonance* (ou *tuning*) a lieu entre les deux types de processus.

Ces résonances apparaissent souvent à la faveur de changements d'échelle spatiale et/ou temporelle des processus physiques, se produisant sur des domaines localisés de l'espace-temps, et appelés *ergoclines*[1]. La raison en est simple : dans le passage continu (éventuellement rapide) d'une échelle à une autre, l'échelle de résonance physique/biologie a de fortes chances d'être rencontrée ; dès lors, l'interaction a lieu.

Ces ergoclines coïncident souvent avec des interfaces physiques de toutes les tailles : contact eau chaude - eau froide dans une mer ou un lac ; contacts eau-sédiment, eau-glace, océan-atmosphère, océan-continent (l'ensemble de la zone côtière constitue une *ergocline* d'échelle planétaire). Au sein des structures temporelles, les intersaisons, les transitions entre périodes ventées et périodes de calme, etc., sont autant d'ergoclines.

Exemple aquatique. Par temps calme, le phytoplancton d'une masse d'eau est bien illuminé dans les couches superficielles, mais il y épuise vite les sels nutritifs. Par vent fort, ces sels sont renouvelés en surface grâce à la turbulence de la masse d'eau, qui les « pompe » depuis le fond ; cependant les cellules végétales sont, elles aussi, prises dans la turbulence, maintenues en profondeur une partie du temps, donc en moyenne moins illuminées. On a montré dans certaines régions marines (travaux de L. Legendre et collab.) que la production maximale avait lieu aux intersaisons, lorsqu'alternent coups de vent et périodes calmes. La meilleure alternance est de deux ou trois jours de vent séparés par des périodes équivalentes de calme : une *résonance* se produit alors avec les rythmes propres de la production primaire planctonique.

3. **Action de la turbulence.** — La turbulence est une dégradation progressive de l'énergie cinétique d'un fluide

1. Terme forgé par L. Legendre et collab., à partir de εργον au sens d'énergie, et de κλινη, pente : variations locales rapides des caractéristiques de l'énergie auxiliaire.

en mouvement (eau, air) en tourbillons de plus en plus petits et de plus en plus nombreux – jusqu'à l'échelle moléculaire où cette énergie est intégralement transformée en chaleur. C'est un phénomène *chaotique*, observable à toutes les échelles, et sa géométrie est *fractale*.

Elle a de nombreux effets macroscopiques, et son interaction avec la biologie est liée à des *résonances* se manifestant à des échelles variées. Elle suscite en particulier :

a) Une accélération considérable de la diffusion des gaz dans l'atmosphère, des substances dissoutes dans l'eau, et des particules en suspension dans l'une et l'autre. La *diffusion turbulente* est jusqu'à 3 000 fois plus rapide que la diffusion moléculaire et provoque, par l'approvisionnement en sels nutritifs qu'elle suscite, une accélération notable de la production primaire.

C'est grâce à la turbulence créée à la surface d'une mer ou d'un lac par le vent, et se propageant en profondeur, que des minéraux nutritifs peuvent remonter vers les couches éclairées de la masse d'eau. Lorsque, par ailleurs, une eau froide et riche en minéraux rencontre, en surface, une eau chaude, riche en cellules chlorophylliennes mais épuisée en sels nutritifs, une photosynthèse active a lieu à ce contact. Cependant, si cette rencontre avait lieu selon une *surface* lisse et immobile, très peu de cellules seraient concernées et la production totale serait faible. Mais des frottements longitudinaux (« cisaillements ») se produisent entre les deux masses d'eau, suscitant une turbulence. Par celle-ci, un *volume d'interpénétration* des deux masses d'eau se constitue, où chaque cellule vivante finit par entrer en contact avec l'apport minéral. La production primaire est alors intensifiée de façon macroscopique.

b) Une structuration du milieu physique selon un continuum d'échelles. Le fluide s'organise en tourbillons de toutes tailles, corrélant les échelles d'espace (diamètres des tourbillons) et de temps (vitesses de rotation). Le phénomène de « résonance » cité plus haut sélectionne automatiquement les échelles spatio-temporelles où se produisent des interactions physique/biologie. Un organisme immergé dans un fluide turbulent ressent celui-ci, en effet, selon trois modalités :

— les tourbillons de taille nettement supérieure à la sienne le font dériver passivement, comme le fait la circulation générale du fluide ;
— les tourbillons de taille nettement inférieure à la sienne homogénéisent le milieu à son contact immédiat (évitant par exemple, à la surface d'une cellule phytoplanctonique, les phénomènes de saturation ou d'épuisement) ;
— les tourbillons d'une taille du même ordre de grandeur que la sienne le plongent dans un milieu chaotique, où il va connaître des conditions ambiantes alternées et rencontrer des partenaires biologiques. On a montré que le taux de rencontre d'un organisme planctonique avec ses proies d'une part, ses prédateurs d'autre part, est augmenté significativement par la turbulence[1].

La rugosité fractale des organismes eux-mêmes (végétaux terrestres) ou des colonies d'organismes (bancs d'huîtres, récifs coralliens) suscite une turbulence du fluide qui les baigne. Leur morphologie, en effet, transforme le déplacement linéaire de ce dernier en une multitude de tourbillons, permettant les échanges avec une *couche de mélange* beaucoup plus épaisse que s'il n'y avait pas de turbulence.

4. **Énergie auxiliaire « secondaire ».** — Il est fréquent que, lorsqu'un milieu physique n'est pas atteint par l'énergie auxiliaire, ou l'est insuffisamment, la « covariance » nécessaire des éléments interactifs soit prise en charge par les organismes eux-mêmes. Cette action exige une énergie, issue cette fois non de l'énergie physique du

1. Selon une hypothèse récente (Y. Lagadeuc), les animaux zooplanctoniques « herbivores » pourraient rechercher activement les couches d'eau où les caractères de la turbulence favorisent le plus leur rencontre avec des cellules végétales.

milieu, mais de celle assimilée par ces organismes à partir de leur alimentation : on l'appelle *énergie auxiliaire secondaire*.

Il n'existe pas de turbulence dans les milieux poreux tels que sols et sédiments : les mouvements de liquides y sont laminaires ou moléculaires, et incapables de réaliser les transports de matière à la vitesse à laquelle les organismes les attendent. Ceux-ci consacrent, dès lors, une partie de l'énergie précédemment assimilée à déplacer le milieu *(bioturbation)* ou à s'y déplacer :

— beaucoup d'animaux (vers, insectes, petits vertébrés...) malaxent le sol ou le sédiment, les déplacent, y enfouissent la matière organique, font remonter des éléments fins vers la surface, créent un réseau fractal de galeries permettant la circulation de l'eau et des gaz, etc. ;
— les organes souterrains des végétaux, à leur échelle de temps, fouillent également le sol, l'effritent, attaquent la roche mère par voie physique (pression osmotique) et chimique (excrétion par les radicelles d'ions acides). Ils y injectent, enfin, leur propre matière organique, ainsi que l'oxygène de leurs tissus ;
— au sein des milieux fluides, des déplacements actifs d'organismes, coûteux en énergie, prolongent l'action de la turbulence en accélérant encore le rythme des rencontres.

Le concept est généralisable à toutes activités animales rendant possibles la survie et la reproduction de l'espèce : recherche de l'aliment ou du partenaire sexuel, ainsi que tous les comportements de protection (construction de nids, de termitières, fourmilières...). Nous verrons enfin, au chapitre IV, que toute l'énergie injectée par l'homme dans les systèmes qu'il exploite, aux fins de les pérenniser et d'en améliorer le rendement, est de l'*énergie auxiliaire*. Quand elle est d'origine purement physique (énergies hydroélectrique, nucléaire...), elle est assimilable à une énergie auxiliaire « primaire », pilotée par l'homme à son bénéfice. Quand elle met en œuvre le travail musculaire d'animaux ou d'esclaves, mais également quand elle est tirée de la combustion du carbone fossile issu d'une production végétale ancienne, il s'agit d'énergie auxiliaire « secondaire ».

IX. — L'évolution des écosystèmes. Effet des perturbations

L'*évolution des écosystèmes* est un des aspects les plus anciennement documentés de la théorie des écosystèmes – en même temps que les effets des *perturbations* qui, comme nous allons le voir, lui sont étroitement liés.

1. **Succession écologique « typique » : écosystème juvénile ; maturation.** — Les premières descriptions de « successions écologiques » végétales correspondent au repeuplement progressif d'espaces préalablement agressés et dépeuplés, aboutissant à un nouvel état durable dit « climax » (concept, nous le verrons, ambigu).

Au départ, une ressource ou un espace nouveaux se trouvent disponibles suite à une modification du milieu : libération ou formation d'un nouveau substrat (roche, dune) ; destruction de tout ou partie de la biomasse antérieure par le feu ou tout autre agent ; arrivée en masse d'une ressource nutritive (remontée d'eau profonde en mer ; accumulation d'alluvions)... L'espace écologique libéré est rapidement investi par un peuplement dit *pionnier* ou *opportuniste*, constitué d'espèces à croissance et multiplication rapides, robustes vis-à-vis des conditions de milieu agressives. Ces espèces sont peu nombreuses, mais la compétition entre elles est forte et sélectionne les stratèges « *r* » (§ II.1). Les flux d'énergie et de matière sont élevés (espèces « gaspilleuses ») ainsi que le rapport production/biomasse : il faut beaucoup d'énergie pour maintenir vivante une quantité donnée de biomasse.

Les chaînes alimentaires qui s'établissent à ce stade sont simples et linéaires. De façon plus générale, le système d'interactions est simple (peu de niches écologiques), et peu régulé. Le peuplement est *quantitativement instable*, pouvant présenter des mortalités importantes suivies de reconstitutions rapides. Ces variations sont surtout *contrôlées par le milieu.*

Le recyclage des éléments biogènes est peu important, et le système est traversé par un *flux de matière* considérable. Tantôt la biomasse sature le milieu et plafonne ; tantôt elle est évacuée au rythme de sa production ; tantôt, enfin, sa croissance exponentielle dépasse les capacités du milieu : elle finit alors par mourir, et la matière organique morte non évacuée *eutrophise* le milieu (§ VI.2).

Un tel écosystème est qualifié de *« juvénile »*. Il va subir une évolution, dite *maturation* comprenant à la fois une modification du milieu physique et une complexification biologique (l'une et l'autre étant liées). En effet, les premiers peuplements installés agissent sur le milieu physique, permettant l'apparition de nouvelles espèces, plus spécialisées (partant, plus vulnérables), à croissance et multiplication moins rapides mais consacrant une partie de leur énergie assimilée à la création et à l'entretien de structures de survie (stratégies « K »). La diversité spécifique augmente, de même que la diversité des niches et la complexité du réseau d'interactions. La compétition s'atténue du fait de la spécialisation des besoins ; en revanche apparaissent des relations d'antagonisme (une espèce en inhibant d'autres) et de mutualisme (effet inverse). Le rapport production/biomasse diminue, de même que flux de matière, remplacé progressivement par un *recyclage* : l'écosystème devient « économe ». Des homéostasies s'installent, et le système devient *contrôlé de l'intérieur*.

Ces étapes sont marquées par une *évolution caractéristique de la diversité spécifique*. L'indice de Shannon, inférieur à 1 en début de colonisation, augmente progressivement jusqu'à avoisiner 4,5 ou 5. Toutefois cette valeur élevée est instable (§ V.3) et le système se réorganise pour atteindre une diversité habituellement comprise entre 4 et 4,5, plus durable. Des déformations des distributions d'espèces (DRF : fig. 9) y correspondent. Cette augmentation et cette stabilisation de la diversité peuvent être vues comme une *accumulation d'information interne* reflétant l'acquisition d'une organisation optimale : nous parlerons alors de *développement*, par opposition à la *croissance* marquant la phase juvénile.

Production (croissance en biomasse pendant les phases initiales) et *diversification* (organisation et développement marquant la maturation) apparaissent donc antinomiques dans l'évolution du système.

Ajoutons que toutes les échelles de temps sont impliquées. On peut ainsi décrire l'évolution aux échelles de la journée dans un peuplement bactérien en microcosme, de la saison dans un lac, de l'année dans la succession biologique accompagnant l'attaque d'un tronc abattu, des dizaines d'années dans la transformation d'un lac en étang, marécage, et prairie (*eutrophisation* à l'échelle du siècle : cf. Ramade, 1984).

2. **Vieillissement d'un écosystème.** — Il arrive qu'au sein d'un écosystème *mature*, une espèce ou un très petit nombre d'entre elles, particulièrement favorisées, échappent au contrôle démographique exercé par les autres espèces, et accaparent l'espace écologique. Par exemple, certains arbres d'une végétation inhibent les autres espèces en accaparant lumière et sol, et vont finalement créer une *futaie* dans laquelle le peuplement antérieur se trouve réduit à l'état de sous-bois. L'écosystème simplifie sa structure. La diversité s'effondre, tant dans végétation elle-même que dans la faune associée.

En raison de la longévité et de la robustesse des espèces dominantes, ce faciès peut perdurer, donnant l'impression d'un « équilibre final » *(climax)* atteint par l'écosystème. Il s'agit en fait d'un *faciès de vieillissement*, à structure appauvrie. Un tel faciès ne se régénère pas de lui-même : sa disparition par mort (naturelle ou non) des grands arbres suscite un retour de la végétation antérieure diversifiée, restée en réserve dans le sous-bois ou à proximité ; la diversité animale se restaure du même coup. Plus tard, un nouveau vieillissement peut intervenir, apparaissant alors comme une caractéristique constante de l'écosystème en place.

3. **Effet des perturbations : *stress* et rajeunissement des écosystèmes.** — On entend par *stress* la réaction d'un écosystème à une perturbation dépassant ses possibilités d'homéostasie, et remettant en question son organisa-

tion. La perturbation peut être une destruction directe de biomasse (incendie, arrachements physiques), une modification du milieu, une surexploitation (notamment par l'homme), ou l'arrivée massive d'une ressource nutritive.

Les espèces les plus vulnérables, notamment les plus spécialisées, ayant besoin de l'intégrité du système d'interactions pour subsister, disparaissent – généralement dans l'ordre inverse de leur arrivée lors de la succession initiale. Dans tous les cas, il y a destruction d'une biomasse préexistante et mise à disposition d'un espace ou d'une ressource nouveaux, qui vont être investis par un peuplement pionnier. De fait, c'est généralement suite à une telle perturbation que s'initie la succession décrite plus haut.

De façon générale *un stress, quelle que soit son origine, rajeunit l'écosystème*. S'il intervient sur un écosystème mature, il provoque une diminution de la diversité spécifique, une simplification de l'organisation, un retour à des stratégies de croissance et de multiplication. S'il intervient sur un écosystème sénescent (par exemple lors des incendies de forêts paucispécifiques), son effet est à première vue inverse : les dominances peuvent disparaître et relaisser place à l'écosystème antérieur, plus diversifié. Lorsque la perturbation s'exerce avec une certaine fréquence, le processus de vieillissement est en permanence interrompu : les espèces ayant tendance à monopoliser l'espace en sont empêchées. Ce fait d'observation est à l'origine de l' *« intermediate disturbance hypothesis »* des Anglo-Saxons, selon laquelle une diversité élevée n'est durable que dans un régime de *perturbations modérées, mais fréquentes*.

Si la perturbation cesse, une nouvelle « succession typique » s'établit, aboutissant à terme à un nouvel état diversifié, organisé, bien tamponné vis-à-vis des *petites* agressions. Si au contraire elle perdure, l'écosystème est maintenu en son état juvénile et empêché d'évoluer. Ce qu'on observe est alors un *faciès de perturbation* (souvent, lui aussi, qualifié de *climax*, bien qu'il ne doive pas être confondu avec le *faciès de vieillissement*), productif mais peu diversifié, et dont la permanence est liée à celle de la perturbation. Un éboulis permanent, une végétation souvent visitée par les feux, une masse d'eau recevant en permanence ou fréquemment des minéraux nutritifs, un marais maritime soumis à des conditions instables, en sont des exemples.

On notera que la persistance de l'écosystème juvénile est liée soit à une destruction ou une exportation constantes de sa biomasse, soit à un apport trophique permanent. Dans un cas comme dans l'autre, le résultat est un *flux ouvert de matière* à travers le système, critère clé de l'état « juvénile ». A l'opposé, les écosystèmes « matures » développent un taux important de *recyclage de la matière* (notamment au niveau de l'azote et du phosphore, éléments limitants de la croissance : cf. chap. III).

4. **Cas particulier de perturbation : l'exploitation d'un écosystème.** — On entend, au sens général, par *exploitation* d'un écosystème une *exportation de sa biomasse*. Elle peut être due à l'activité humaine (récolte de produits), mais aussi à un phénomène physique (entraînement vers l'aval de la biomasse synthétisée à l'amont d'un fleuve), ou à l'action d'un écosystème adjacent consommant la production du premier (voir § X) – ces causes pouvant être associées.

La *surexploitation* d'un écosystème peut aboutir à sa désertification. Avant ce stade cependant, l'exportation de biomasse agit comme n'importe quel type de perturbation, c'est-à-dire provoque une sélection d'espèces à stratégie *« r »* capables de réinvestir rapidement l'espace ou la ressource – de « cicatriser », en quelque sorte, l'écosystème. Le *stress* du système est de même nature, aboutissant à une diminution d'organisation et de diversité, à une augmentation de la productivité, au total à un rajeunissement du système cohérent avec le *flux ouvert de matière*.

On n'agit pas autrement lorsqu'on tond une pelouse : les tissus âgés peu productifs sont éliminés, vite remplacés par des tissus jeunes régénérant rapidement la biomasse, avec sélection des espèces à croissance rapide et élimination des autres. Ici, comme dans tout *agrosystème*, le rajeunissement est accentué par l'enrichissement artificiel du milieu en minéraux nutritifs et en eau. Le flux ouvert de matière se trouve alors bien entretenu, et la structure « juvénile » est rendue permanente. D'une façon générale, l'économie humaine est une économie d'écosystème productif et simplifié, donc *juvénile* ; nous y reviendrons au chapitre IV.

5. **Conclusion : stratégie de croissance *versus* stratégie de développement.** — Les faits rapportés peuvent être récapitulés comme suit (fig. 9) :

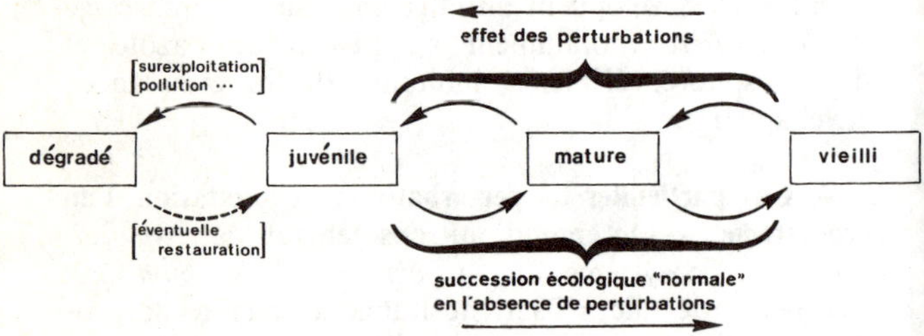

Fig. 9. — Schéma général des évolutions possibles d'un écosystème.

a) l'évolution écosystème juvénile → écosystème mature se fait en l'absence de *stress* ; elle définit une *stratégie de développement*, tournée vers l'édification et la pérennisation d'une organisation complexe ; elle peut être suivie d'un vieillissement de l'écosystème, par lequel l'organisation se dégrade ;

b) l'évolution écosystème mature → écosystème juvénile est un *stress* en réponse à une perturbation ou à une exploitation ; elle définit une *stratégie de croissance*, tournée vers la régénération de la biomasse perdue ;

c) une perturbation peut également faire disparaître un faciès de vieillissement, ou empêcher sa mise en place ; la diversité est alors accrue ou conservée, pour autant que l'agression ne soit pas excessive ;

d) un excès de perturbation ou d'exploitation peut aboutir à la régression du système, voire à sa disparition (exemple de la désertification).

Ultime remarque : en l'absence d'agression, le résultat du *développement* n'est pas toujours (loin s'en faut !) une « stabilisation » de la composition et de la structure du système. La permanence de l'écosystème peut exiger des fluctuations importantes (cycliques ou non) des abondances d'espèces, imputables aux dynamiques propres des populations interactives, et pouvant faire alterner les dominances. S'y ajoutent des adaptations vis-à-vis des modifications périodiques ou chaotiques du milieu (modifications climatiques par exemple, avec un effet-retour, les espèces vivantes pouvant influer sur le climat). On voit bien qu'un écosystème *n'est jamais stable.*

X. — Les interactions entre écosystèmes

1. **Interfaces, interpénétrations, écotones.** — La notion d'*interaction entre écosystèmes* est inscrite dans celle de structure hiérarchique. L'emboîtement des structures et des fonctions est générale, et par rapport à un niveau d'organisation donné, un « super-système » (i) est constitué des interactions entre plusieurs systèmes de ce niveau, et (ii) constitue, pour chacun d'eux, un environnement qui l'asservit.

Il se produit souvent plus de phénomènes déterminants au niveau des interfaces (ou *ergoclines* : cf. § VIII. 1) qu'à l'intérieur des systèmes en contact. L'interaction nécessite leur rapprochement physique, réalisé de deux façons (souvent associées) :

a) Des *déplacements* de grande amplitude. Par exemple, un prédateur visite de façon intermittente les populations de proies qu'il contrôle. On peut le considérer comme appartenant :

— soit à un territoire voisin de taille comparable, où il exerce aussi ses activités (il y a alors « dilution » de l'effet de prédation, et interaction indirecte entre populations de proies spatialement séparées) ;

— soit à un système plus vaste englobant plusieurs écosystèmes du premier type – auquel cas se réalise une interaction entre niveaux hiérarchiques successifs : on dit qu'il y a *transfert d'échelle*.

b) Des *contacts aux interfaces*. Ces interfaces sont liées à une hétérogénéité du milieu et de son peuplement. En fait, elles ne sont fonctionnelles qu'associées à des flux de matière vivante et/ou inerte : elles ont été comparées à des *membranes semi-perméables*.

A proximité du contact, l'intensification des dynamiques aboutit à l'émergence d'un nouveau système dit *écotone*, peuplé non seulement d'un mélange d'espèces des deux écosystèmes, mais de taxons propres à la zone d'interpénétration. Parfois ces derniers taxons dominent, ou même occupent exclusivement l'espace écologique (exemple : les « ceintures » végétales se développant autour d'un étang). De façon générale il y a, dans ces écotones, *augmentation de la production organique*, souvent aussi *augmentation de la diversité spécifique*.

L'occupation fractale de l'espace-temps (§ VI.3) intervient en suscitant une augmentation considérable des « surfaces » de contact : tracé fractal des lisières et rivages ; trajectoires fractales des organismes mobiles. Bien que la dénomination de « super-organismes », parfois appliquée aux écosystèmes, soit quelque peu abusive, on ne peut empêcher de comparer cette géométrie fractale et ses conséquences avec celles des organes (appareil circulatoire, poumons) et organites (mitochondries...).

2. **Flux de matière/énergie à travers une interface. Conséquences sur l'évolution des systèmes partenaires. Émergence d'un système global ou *écocomplexe*.** — De façon générale, quand deux écosystèmes en contact montrent des degrés d'organisation (= de maturité) différents, un *flux de matière organique et d'énergie s'établit du moins organisé (juvénile) vers le plus organisé (mature)*. Le

premier est moins diversifié et plus productif ; le second, plus diversifié et moins productif, contient des espèces consommatrices qui vont *exploiter* la production du premier en y pénétrant par intermittences. Il s'ensuit qu'au voisinage de l'interface :

a) L'écosystème le plus organisé bénéficie, dans ses termes trophiques supérieurs, d'une source alimentaire supplémentaire. Il croît et se développe plus que s'il ne disposait que de ses propres ressources. Des organismes exploitent la production du système le plus productif, puis retournent dans le second, qu'ils enrichissent de leurs déchets et de leur biomasse – initiant de nouvelles chaînes alimentaires.

b) L'écosystème le moins organisé et le plus productif voit sa production exploitée intensément par son propre potentiel de consommateurs. Il y réagit par un *stress* caractéristique des systèmes exploités (§ IX.4), aboutissant à encore plus de production et de simplification structurale.

Les mosaïques forêt-savane en région tropicale en donnent un exemple illustratif. Au niveau de l'écotone, des herbivores de la forêt en sortent de temps en temps pour s'alimenter dans la savane. Celle-ci, broutée en permanence, est maintenue « juvénile », et son embroussaillement (qui aboutirait, à terme, à une extension de la forêt) est inhibé.

Quand les herbivores regagnent la forêt, ils y enrichissent les chaînes alimentaires à détritivores et à carnivores. Un flux de matière/énergie s'instaure ainsi de la savane vers la forêt. Il en découle une richesse générale de l'écotone. Le contact lui-même est stabilisé par cette dynamique (renforcée, il est vrai, par les feux périodiques qui anéantissent les repousses d'arbres en lisière) : la mosaïque forêt-savane assume sa propre permanence.

D'autres exemples (bassin versant, système d'*upwelling*...) sont analysés dans S. Frontier et Pichod-Viale, *loc. cit.*

En conclusion, le couple se comporte comme un *nouveau système*, dans lequel les deux partenaires montrent des performances modifiées. L'exploitant, plus organisé au départ, croît encore en organisation ; l'exploité régresse encore plus en structure, tout en devenant plus productif. La différence s'accentue au lieu de s'estomper – nous sommes, rappelons-le, dans le domaine des *systèmes dissipatifs* qui, traversés par un flux permanent, maintiennent, voire accentuent leurs dissymétries (§ III.3).

Au total, l'occupation de l'espace écologique a lieu non de façon homogène, mais selon une association entre des *écosystèmes à stratégie de croissance* et des *écosystèmes à stratégie de développement* – les seconds exploitant les premiers ; ceux-ci étant maintenus dans leur état déstructuré et productif. Le système global (parfois appelé *écocomplexe* ou *paysage*) fonctionne par une *différenciation* de parties complémentaires, rendue permanente par son mode de fonctionnement même – bel exemple d'auto-organisation.

Chapitre III

ORGANISATION DE L'ÉCOSYSTÈME PLANÉTAIRE

I. — Échelles de description. Grandes catégories d'écosystèmes

1. **Hiérarchies et échelles en écologie.** — Grâce à des techniques récentes[1], allant des enregistrements en continu de grandeurs locales aux images données par les satellites, on peut aujourd'hui inventorier les échelles déterminantes de l'écologie planétaire, et les relier entre elles. Nous en tirons une vision de l'écosystème planétaire bien différente de celle que nous en avions il y a seulement trente ans.

Par exemple, on sait maintenant que la masse océanique est affectée de tourbillons ou *vortex* de toutes tailles, reliant de façon continue l'échelle microscopique à celle des plus grands courants (tels que le Gulf Stream), en passant – c'est ce qui est le plus nouveau – par des structures à « mésoéchelle » se révélant extrêmement explicatives : tourbillons de quelques dizaines ou centaines de kilomètres de diamètre détachés des méandres des grands courants, associant à leur rotation des mouvements verticaux, et se déplaçant à travers l'océan sur plusieurs mois.

La corrélation entre échelle spatiale et échelle temporelle, évidente en hydrodynamique (corrélation entre diamètre et vitesse de rotation des vortex), s'étend à l'ensemble des phénomènes physiques et biologiques : un

1. Cf. J.-M. Legay et R. Barbault, *La révolution technologique en écologie,* Paris, Masson, 1997.

processus se déroule en général de façon rapide sur un petit espace, lente sur un grand espace, au *prorata* des quantités de matière et d'énergie mobilisées.

Les dimensions de l'espace-temps écologique sont liées par ailleurs à la *taille* des organismes impliqués (chap. II, § III.2), à leur *longévité individuelle* et à leurs *vitesses de déplacement* – tous caractères déterminant l'échelle d'utilisation du milieu.

2. **Variations d'échelles en fonction de la direction spatio-temporelle.** — Les directions de l'espace-temps ont des significations écologiques différentes : il n'y a pas *isotropie* dans l'utilisation du milieu par les écosystèmes.

Les gradients verticaux sont entre 10 et 1 000 fois plus accentués que les gradients horizontaux. Par exemple, la structure horizontale d'une masse d'eau océanique s'étend sur des dizaines ou des centaines de kilomètres, son organisation verticale sur quelques dizaines à milliers de mètres. Un écosystème terrestre est structuré verticalement sur des distances de quelques centimètres à quelques dizaines de mètres, alors qu'il s'étend horizontalement sur des kilomètres.

Quant à la correspondance entre échelles de temps et échelles d'espace, elle dépend des phénomènes considérés, et principalement de la célérité des masses physiques impliquées. Ainsi, lorsque l'échelle spatiale va du kilomètre aux 10 000 km, l'échelle temporelle va généralement :

— de l'heure au mois pour le contrôle immédiat de la biomasse par l'atmosphère et le climat ;
— de la quinzaine (marées) à l'année ou à la décennie (cycles saisonniers, phénomène *El Niño*) pour son contrôle par l'océan en interaction avec l'atmosphère ;
— de l'année (modifications du sol) aux milliers d'années (phénomènes sédimentaires régionaux) pour son contrôle par les phénomènes géologiques.

Les réponses biologiques ont lieu à des échelles tout aussi variées :

— échelles du millimètre cube ou du centimètre cube, de la seconde ou de la minute, pour les réponses des bactéries et protozoaires du sol et des cellules phytoplanctoniques ;
— des quelques kilomètres carrés, de la dizaine de jours ou du mois, dans le déclenchement des *blooms* phytoplanctoniques, dans les développements larvaires, les recolonisations de territoires après incendie, etc. ;
— de la centaine de kilomètres, de la dizaine d'années ou du siècle, pour l'évolution à long terme d'une végétation ou d'un grand lac.

3. **Trois grandes catégories d'écosystèmes.** — Nous décrivons très brièvement[1] dans ce qui suit les principaux emboîtements de structures et de fonctions composant l'organisation écologique de notre planète. La cohérence impose de considérer séparément au moins trois grandes catégories d'écosystèmes, aux fonctionnements très différents : les *systèmes terrestres*, les *systèmes aquatiques*, et leurs *interfaces littorales*.

Les eaux des rivières et des étangs (qui représentent moins de 1 % de l'eau planétaire) sont en interaction étroite avec les systèmes terrestres : leurs écologies, bien que spécifiques, ne peuvent être séparées de celle des terrains émergés. Très différentes sont les eaux marines (98 % de l'eau planétaire) et lacustres (1 %), séparées des terres par les interfaces que constituent les *zones côtières*. Les échelles spatio-temporelles pertinentes coïncident ici avec celles de l'énergie auxiliaire, particulièrement de la *turbulence hydrodynamique*. En effet, le spectre d'énergie

1. Pour des descriptions plus détaillées en langue française, voir S. Frontier et D. Pichod-Viale, *loc. cit.* ; P. Duvigneaud, *La synthèse écologique*, Paris, Doin, 1980 ; F. Ramade, *Éléments d'écologie : écologie appliquée*, et *Écologie fondamenale*, McGraw Hill, resp. 1982 et 1984.

est continu entre les turbulences locales et les grands déplacements planétaires, en passant par toutes les tailles de vortex. Les masses d'eau en mouvement contiennent des substances dissoutes et des particules en suspension très diverses (inertes ou vivantes, ces dernières allant de la bactérie à la baleine !) et leur écologie est marquée par :

1 / des déplacements d'eau, selon deux modalités liées à l'échelle d'observation : *transports advectifs* (translations à l'échelle des courants) et *diffusion turbulente* (mélange local) ;

2 / des déplacements de particules par rapport à l'eau, tantôt *passifs* (sédimentation de toute particule plus dense que l'eau, avec une vitesse dépendant de sa taille et de sa forme), tantôt *actifs* (migrations horizontales et verticales d'organismes). Déplacements actifs et passifs interfèrent quand, par exemple, des organismes pélagiques s'opposent activement à leur sédimentation, ou atteignent des couches d'eau qui se déplacent dans des directions différentes.

Dans les écosystèmes terrestres, les échelles spatio-temporelles sont essentiellement déterminées par la géographie, la géomorphologie, la géologie superficielle et la climatologie. Les déplacements passifs de matière y sont réduits, et une partie importante des transports est assurée par les organismes eux-mêmes, utilisant à cet effet une *énergie auxiliaire secondaire*. La chute des feuilles est passive, mais leur morcellement et leur enfouissement dans l'humus sont réalisés par les animaux du sol.

Enfin l'interface littorale, très productive, est le siège de phénomènes physiques et biologiques fortement intriqués. La diversité naturelle des mouvements des masses d'eau (courants côtiers, marées, houles), de leur contenu (eaux plus ou moins salées, plus ou moins riches en minéraux nutritifs, matière organique et particules), des roches à leur contact, ainsi que la géométrie irrégulière (fractale) de cette interface, déterminent une variété extraordinaire de processus.

La géométrie d'une côte rocheuse est *fractale* (Mandelbrot, 1975). La « longueur d'une côte » (souvent mentionnée !) est une notion vide de sens car sa mesure dépend de l'échelle de la carte utilisée, en fonction de laquelle un nombre plus ou moins grand de détails sont enregistrés. La longueur disponible pour l'installation d'organismes dépend de la taille de ces derniers : les micro-organismes utilisent la rugosité des grains de sable et, à cette échelle, la « longueur » de l'interface est immense (500 km disponibles par kilomètre linéaire si la dimension fractale est de l'ordre de 1,3) ; des animaux submillimétriques utilisent les vides entre les grains de sable ; à toutes les autres échelles, le nombre d'anfractuosités utilisables dépend de la taille des individus.

L'homme, à chaque échelle de son activité, est indisposé par ces rugosités et commence par les supprimer. Un port d'une dimension linéaire de 1 km sera installé sur une longueur de littoral de 1 km à vol d'oiseau grâce à une rectification du trait de côte. Au contraire, s'il s'agit d'installer des parcs conchylicoles de 50 m, on pourra en construire plus de 20 par kilomètre linéaire, en profitant de la sinuosité naturelle à cette échelle.

II. — Écosystèmes continentaux

Nous rassemblons ici les écosystèmes *terrestres* et ceux, qui leur sont fortement liés, des *eaux continentales* (rivières, eaux dormantes), à l'exclusion des grands lacs qui seront considérés au § III.

1. **Échelle locale : structure et interactions verticales.** — Une végétation et son implantation dans le sol constituent, à l'échelle locale, une *interface entre atmosphère et lithosphère.* Au-dessus du sol, une biomasse « aérienne » à morphologie fractale offre une surface de contact et d'échanges considérable avec l'atmosphère, et y suscite une turbulence, grâce à laquelle ce contact est perpétuellement renouvelé. Au-dessous, une autre géométrie fractale (racines) assure un contact intime entre la biomasse végétale et le substrat minéral, l'eau et le peuplement microbien – sans

turbulence cette fois, puisque celle-ci est impossible en milieu poreux.

Des peuplements animaux spécifiques se développent dans les interstices de ces deux arborescences, ainsi que dans l'épaisseur des tissus végétaux.

a) Écologie des « parties aériennes ». Une *production primaire autotrophe* prend place dans les tissus chlorophylliens. Les tissus non chlorophylliens sont cependant nécessaires pour assurer le déploiement du végétal dans l'atmosphère, assurer sa pénétration dans le sol (grâce à une pression osmotique valant couramment 20 ou 30 fois la pression atmosphérique), et acheminer jusqu'aux cellules chlorophylliennes l'eau du sol, riche en minéraux nutritifs dissous.

La production est limitée par l'ascension des sels nutritifs du sol jusqu'aux feuilles, conséquence de l'évapotranspiration (cf. chap. II, § VIII.1). Cette dernière est régulée par les stomates des feuilles en fonction des qualités de l'air (taux d'humidité, agitation) et du contenu hydrique du sol ; en cas de dessication, la plante diminue ou interrompt son flux d'eau.

L'architecture végétale sert également de substrat pour d'autres formes de vie. Des plantes servent de support à d'autres plantes, et toute une vie animale (d'une grande diversité de tailles individuelles, de régimes alimentaires et de degrés de mobilité) prend place dans les interstices de la végétation. Enfin, la porosité de la végétation emprisonne une atmosphère fortement influencée par les processus biologiques, qui y créent un *microclimat* spécifique.

Le sous-système constitué par la partie aérienne de la végétation et par ses hôtes est, dans son ensemble, un système *autotrophe*, alimenté en matière organique par la photosynthèse. Cadavres, tissus morts, excréments, rejoignent ensuite le sol et constituent une *litière*, enfouie puis attaquée par des animaux, bactéries, et champignons du sol. La production autotrophe « aérienne » alimente ainsi un sous-système *hété-*

rotrophe, parfois appelé « écosystème sol », possédant un réseau trophique complexe et un métabolisme global[1].

b) Formation et fonctionnement du sol. Le sol, « substance à nulle autre pareille », est créé de toutes pièces par les organismes qui y vivent, à partir : 1 / des éléments minéraux de la roche mère : celle-ci est fragmentée par les racines ; puis ses minéraux sont hydrolysés et transformés en *argiles* sous l'effet des ions H^+ (sous-produits de la photosynthèse) libérés au niveau des radicelles ; 2 / du carbone atmosphérique (CO_2) fixé par la photosynthèse puis injecté sous la plante. Animaux, bactéries et champignons du sol transforment les molécules organiques complexes en molécules organiques simples, puis en CO_2 et minéraux, réinjectables dans un nouveau cycle.

La matière organique la plus lente à se minéraliser s'associe aux argiles pour donner de l'*humus*, substance à hautes capacités de rétention d'eau et d'échange d'ions, et riche en bactéries, hyphes de champignons, radicelles, animaux de toutes tailles – au point qu'il est impossible d'y mesurer séparément la partie vivante et la partie organique non vivante.

Un humus de prairie peut contenir, sous un hectare (susceptible d'alimenter 1 t de bétail, soit une vache et son veau) : 15 t de racines, 10 t de bactéries et champignons, 5 t de nématodes, 1,2 t de lombrics (vers de terre) – biomasses données en poids sec. Les lombrics y ingèrent en un an 1,5 t de tissus végétaux morts et 15 t d'argile, qui s'associent et se transforment en humus dans leur intestin (notons que ces tonnages ne sont pas faramineux : une pellicule d'eau d'un millimètre d'épaisseur sur un hectare pèse 10 t).

1. Il existe une *respiration globale du sol* produisant, par oxydation de la matière organique enfouie, entre 50 et 500 l de CO_2 par mètre carré et par an – moyennant la consommation du même volume d'oxygène, pénétrant par diffusion depuis l'atmosphère. Cette respiration globale équilibre exactement la production d'oxygène par la photosynthèse sus-jacente (aux déplacements latéraux près). Carbone et oxygène sont recyclés de façon rigoureusement parallèle et, si du carbone n'est pas fossilisé, le bilan en termes de production d'O_2 et consommation de CO_2 est nul.

Les lombrics jouent un rôle fondamental dans ce système. Ils ingèrent la substance du sol, entretiennent sa porosité, neutralisent dans leur intestin l'acidité produite lors de la dégradation de la matière organique (ils ne supportent pas les sols trop acides et réalisent eux-mêmes leur neutralisation). Enfin, c'est au cours de leur transit intestinal que l'argile et la matière organique s'associent pour constituer l'humus. On estime que dans un champ cultivé, en soixante-dix ans, tout le sol sur l'épaisseur d'un soc de charrue est passé au moins une fois par le tube digestif des lombrics. Une restauration des sols acidifiés est réalisable en quelques années par l'introduction de vers de terre élevés en « lombriciculture », pratique aujourd'hui courante.

Cette vie intense de l'humus est nécessaire aux plantes. Après que des espèces pionnières ont colonisé un substrat minéral et formé une première ébauche de sol, d'autres apparaissent, avec leur faune et leur microflore associées. Une symbiose (association à bénéfices réciproques) s'établit entre les plantes supérieures et les micro-organismes dans une zone d'activité biologique intense entourant les radicelles des premières, nommée *rhizosphère.* Y participent des *bactéries* (les unes libres ; d'autres incluses dans les tissus végétaux, comme celles, symbiotes des légumineuses, qui fixent l'azote atmosphérique) et des champignons symbiotiques ou *mycorhizes.*

c) Évolutions couplées sol/végétation et sol/faune du sol. — Une végétation pionnière peut s'installer sur un sol dénudé. Les premières activités biologiques aboutissent à créer un sol *juvénile*, peu épais et encore pauvre en matière organique et en micro-organismes. Sol et végétation évoluent ensuite en parallèle, ainsi que faune et microflore, qui se diversifient, édifient de nombreux mécanismes d'homéostasie et de recyclage autorisant la germination et le maintien de nouvelles espèces végétales. L'écosystème sol devient *mature* au sens de la succession écologique (chap. II, § IX.1) et, une fois mature, est contrôlé essentiellement par la biomasse active.

Les bactéries sont inhibées par un pH inférieur à 6, et (avec les vers de terre) contribuent à la neutralisation permanente du sol, à leur avantage. Si, néanmoins, l'acidité devient trop forte, elles laissent la place aux champignons, favorisés par un milieu acide. Les seconds sont plus lents vont moins loin que les premières dans la dégradation de la matière organique, et le pH diminue encore, favorisant encore plus ces champignons ainsi que certaines plantes particulières dites *acidophiles* (bruyères, conifères...) : un sol qui a commencé à s'acidifier se trouve donc colonisé par une végétation et par une microflore adaptées, entretenant cette acidité. En conclusion, l'*écosystème sol* peut évoluer localement :

— soit vers un humus neutre, riche en bactéries et vers de terre qui entretiennent cette neutralité – laquelle est défavorable aux champignons ;
— soit vers une acidification, favorable aux champignons mais défavorable aux bactéries et à la plupart des plantes enracinées, et entretenue dans cette tendance par les champignons et les plantes acidophiles eux-mêmes.

Lors d'une perturbation, un point de « bifurcation » peut se présenter, au niveau duquel l'écosystème basculera soit vers l'une, soit vers l'autre de ces deux directions – la direction « choisie » s'autoentretenant ensuite, par les effets mêmes de sa production (fig. 10).

Un sol, enfin, peut se dégrader :
— soit par accentuation de l'acidification pouvant aboutir à une *podzolisation* irréversible, avec disparition des organismes vivants (y compris des champignons) et destruction de l'argile ;
— soit sous l'impact d'agents extérieurs : une destruction de la biomasse sus-jacente (suite à une perturbation naturelle ou à une coupe à blanc de la forêt), et la dessication du sol qui l'accompagne, altèrent ou anéantissent faune et microflore. La dégradation de la matière organique se ralentit, le sol s'acidifie. Le système peut se restaurer lentement par lui-même, en même temps que se réinstalle la végétation ; toutefois, des perturbations répétées peuvent rendre le processus irréversible.

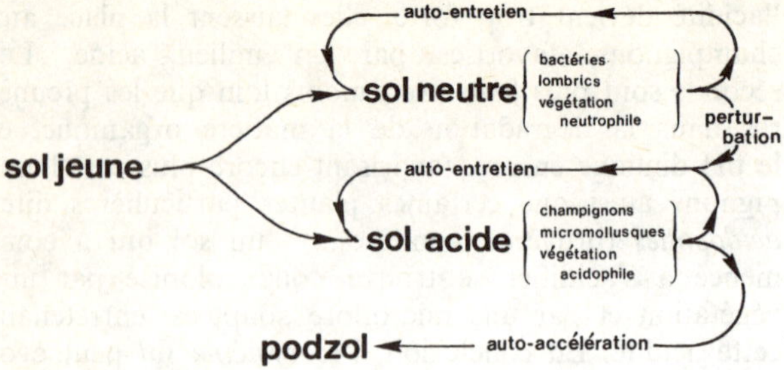

Fig. 10. — Bifurcation dans l'évolution d'un sol.

En conclusion, la dimension verticale intègre sur une *« colonne »* un écosystème déjà fort complexe, incluant des échelles spatio-temporelles variées. Ce qui a été introduit au début de ce paragraphe comme une interface atmosphère/lithosphère, est lui-même composé de deux sous-systèmes interactifs, l'un autotrophe aérien et illuminé, l'autre hétérotrophe et souterrain. L'énergie assimilée par le premier, après un transit dans la biomasse, est libérée au niveau des respirations et fermentations sous forme de chaleur non réutilisable. Les éléments nutritifs sont, en revanche, recyclables dès cette échelle d'espace-temps.

2. **Échelle régionale : déplacements horizontaux ; interactions entre « colonnes ».** — L'écosystème possède aussi une extension latérale. Les « colonnes » telles que nous venons de les décrire, qu'elles soient en contact ou éloignées, interagissent par le biais des déplacements de matière. Un nouvel écosystème se constitue à une échelle d'organisation plus grande.

a) Effets des déplacements d'organismes. — Les animaux ajoutent au fonctionnement vertical de l'écosystème la *dimension horizontale*, au *prorata* de leurs possibilités de déplacement. Ces déplacements ont lieu principalement pour la recherche de nourriture, mais ils assurent du même coup d'autres rôles, en particulier dans la dissémination génétique (pollinisation, transports de graines, etc.). Ils prennent place surtout en milieu aérien ou en pleine eau – la progression dans l'épaisseur du sol ou du sédiment étant plus difficile. Une interaction se produit cependant entre les milieux fluides et solides : des habitants des premiers fouillent les seconds pour se nourrir ; de nombreux insectes alternent une vie dans le sol ou le sédiment et une vie aérienne ou aquatique, etc.

Les compartiments biologiques organisent leur activité sur des aires très diverses. Un carnivore peut étendre son activité sur de vastes populations de proies plus sédentaires, qu'il contribue à contrôler. L'échelle continentale est atteinte par les mammifères et oiseaux à grand rayon de déplacement. Quand les déplacements ont lieu dans l'épaisseur d'une végétation, l'espace est utilisé en fonction de l'architecture fractale : des coïncidences frappantes ont été démontrées entre la dimension fractale de la végétation et la distribution en tailles des espèces qui s'y logent.

b) Effets des déplacements de fluides. L'eau qui s'écoule dans le *bassin versant* en charriant sédiments et matière organique est un facteur important d'organisation horizontale. La nappe phréatique, par ailleurs, transporte, lentement mais sur de grandes distances, des substances solubles telles que sels nutritifs et polluants. L'organisation du paysage se manifeste principalement, aux échelles impliquées, en termes de masses d'eaux alternativement « courantes » et « dormantes » aux écologies très différentes.

Les matières organiques charriées sont dégradées par des détritivores et des décomposeurs. *In fine* les sels nutritifs sont régénérés, et réutilisés par les plantes chlorophylliennes aquatiques. Les étangs et les marais sont donc à la fois hétérotrophes, et autotrophes sur recyclage – ce qui en fait des milieux très productifs, exploités à leur tour par des consommateurs adjacents, et surtout par les écosystèmes constitués en aval et qui engrangent la production des eaux dormantes.

En fin de compte, un *écocomplexe* est organisé à l'échelle d'un réseau hydrographique par le déplacement unidirectionnel de l'eau. Les écosystèmes d'amont, dont la biomasse est constamment exportée, sont maintenus moins diversifiés et plus productifs que ceux d'aval qui les « exploitent » (cf. chap. II, § IX.4).

c) Importance des interfaces en milieu continental. Nous avons évoqué plus haut l'interface [système aérien/système sol]. Les interfaces jouent également un rôle fondamental à l'échelle du *paysage*, où ils constituent des *écotones*.

Ces derniers sont des écosystèmes spécifiques, à flore et faune particulières et à forte production ; d'autre part, ils gèrent l'interaction entre les écosystèmes en contact, dans la mesure où ces derniers coopèrent dans une fonction nouvelle. L'interface forêt-savane en a été donné comme exemple au chapitre II, § X. L'analyse de l'*interface friches-cultures* et des *bocages* – autres exemples très illustratifs – débouche sur une application agricole :

Le maintien de terres non cultivées au voisinage des terres cultivées n'est souvent considéré qu'au titre d'une perte de rendement. Mais il permet aussi de réintroduire, dans le système modifié, des interactions naturelles souvent bénéfiques.

Les agricultures en effet, faisant disparaître la diversité biologique et la capacité d'automaintenance qui lui est liée, rendent nécessaire une intervention humaine, permanente et sans cesse plus intense – notamment pour se débarrasser des espèces « nuisibles ». Celles-ci existent dans l'écosystème naturel, et leur prolifération dans la culture est une réponse naturelle à la prolifération des espèces artificiellement sélectionnées : elles tendent à « contrôler » la culture en tant que prolifération monospécifique. Ce sont donc, par définition, des espèces opportunistes, à stratégie *« r »,* robustes, et qui se trouvent ici soustraites à la fois au contrôle par la limitation de nourriture, et au contrôle par l'action des espèces antagonistes et prédatrices de l'écosystème naturel.

Ces dernières espèces sont plus spécialisées, plus vulnérables et moins prolifiques que les espèces indésirables (elles sont à stratégie « K »). L'intervention humaine les a éliminées plus vite que les espèces « nuisibles ». On essaie aujourd'hui de les réintroduire à partir d'élevages *(lutte biologique)*, mais elles existent encore naturellement dans les friches, les bois, les haies, qui apparaissent ainsi comme des réserves de biodiversité susceptibles de redonner aux cultures voisines un « statut écologique » et un contrôle naturel.

On pense aujourd'hui que l'agriculture optimale devrait comprendre une association réfléchie – et une répartition de l'espace – entre *a)* des actions artificielles et *b)* le maintien de zones conservant toutes les potentialités de l'écosystème d'origine. Cette pratique serait plus efficiente à terme, moins onéreuse et moins dangereuse que ne le sont les pratiques dérivées de l'industrie chimique (mais aussi, moins profitable à cette dernière...)

3. **Échelle des continents.**

a) Effets du milieu sur les systèmes vivants. A l'échelle continentale, l'écologie est surtout déterminée par les grands phénomènes géographiques et géologiques, les climats, les mouvements de grande amplitude de l'atmosphère, et les nombreuses interactions atmosphère/continent/océan. Par exemple :

— Le *couplage énergétique entre océan et atmosphère* est fondamental à la fois pour le climat général et pour la circulation à grande échelle de l'un et de l'autre.

— L'*érosion des continents* est influencée par le climat. Les fleuves charrient minéraux solides, matières organiques et sels dissous jusqu'à la mer et aux lacs, qu'ils fertilisent localement.

— Des *effets de plaque froide* se produisent en face des remontées d'eau marine profonde. Une complémentarité continent/océan s'observe ici encore : les eaux froides amènent à la surface de la mer des sels nutritifs, suscitant une production primaire intense ; en même temps, le refroidissement local provoque une condensation de l'eau atmosphérique, donc un dessèchement de l'atmosphère régionale et du continent proche, qui se désertifie.

b) Contrôle du milieu par les systèmes biologiques. Les végétations exercent une influence sur des phénomènes climatiques à toutes échelles, des microclimats au cycle planétaire de l'eau. Les végétaux contrôlent leur évapotranspiration, et par ailleurs constituent une réserve d'eau locale. La végétation contrôle également les cycles d'érosion/sédimentation. Enfin, rappelons que le sol lui-même est fabriqué par les organismes qui y vivent et en vivent.

III. — Écosystèmes marins et lacustres

Plusieurs grands compartiments biologiques se partagent le domaine aquatique :

- le *pelagos*, constitué d'organismes de pleine eau et comprenant :
  - le *plancton*, formé d'organismes de petite taille, de faible mobilité, se déplaçant au gré des courants (ils effectuent toutefois des migrations verticales actives),
  - le *necton*, formé d'organismes nageurs, capables de se déplacer par rapport aux courants ;
- le *benthos*, comprenant les organismes fixés au fond, ou nageant à sa proximité immédiate *(nectobenthos)*.

De nombreuses espèces changent de compartiment au cours de leur vie (poissons et animaux benthiques ayant des larves planctoniques) Par ailleurs, des échanges trophiques ont lieu entre les compartiments : les larves des espèces benthiques sont, dans leur immense majorité, consommées par le pelagos ; inversement, beaucoup d'organismes planctoniques sont capturés par des animaux benthiques collecteurs de particules.

1. Échelle locale : la « colonne d'eau » locale.

a) Phénomènes physiques déterminants. Plusieurs phénomènes vont structurer verticalement la « colonne », essentiellement liés aux *propriétés physiques de l'eau*. Ce sont :

α) La *stratification par densité* de la masse d'eau. Les couches d'eau se succèdent sur une verticale en fonction leurs densités : eaux chaudes et moins salées en surface, eaux froides et plus salées au-dessous – même lorsque ces variations sont faibles.

L'évaporation, fonction de la sécheresse et de l'agitation atmosphériques, provoque une baisse de température et une augmentation de salinité des eaux de surface, qui deviennent plus lourde et plongent. Le gel superficiel a le même effet : la glace de mer flotte, mais l'eau qui a gelé a perdu une partie de son sel, sur-salant celle restée liquide, qui plonge. A l'opposé, en face des arrivées d'eaux continentales, l'eau de mer se dilue et reste en surface, constituant un *panache fluvial* qui dérive parfois longtemps et loin.

β) La *chute de particules plus denses que l'eau.* La vitesse de chute d'une particule en suspension est proportionnelle à sa densité et au carré de son diamètre moyen. La biomasse possède une densité de l'ordre de 1,1, supérieure à celle d'eau, même salée, et chute à une vitesse comprise entre 1 et 100 m par jour. Des coalescences muqueuses chutent à des vitesses plus faible (on parle de « neige marine »). A l'inverse l'agglomération, dans l'intestin d'animaux planctoniques, de cellules végétales partiellement digérées conduit à l'évacuation de *pelotes fécales* compactes, rondes et riches en silice, qui sédimentent plus vite que les cellules isolées. Pendant la chute, cadavres et déchets organiques sont dégradés et progressivement minéralisés par les bactéries omniprésentes. Une réserve de sels minéraux nutritifs régénérés (nitrates, phosphates...) se constitue ainsi en eau profonde.

γ) L'*absorption des radiations solaires.* L'énergie solaire incidente comprend 9 % d'ultraviolet, 42 % de lumière « visible », 48 % d'infrarouge. La photosynthèse utilise la moitié de l'énergie « visible », soit 20 % de l'énergie du spectre (avec des maxima d'utilisation dans le rouge et dans le bleu et un minimum dans le vert).

Ces radiations sont absorbées par l'eau, et transformées en chaleur sur une épaisseur variant avec la longueur d'onde. Seule la lumière « visible » pénètre de façon importante ; le rouge est absorbé sur quelques mètres ; le bleu, au contraire, est encore décelable à quelques centaines de mètres si l'eau est très pure.

L'intensité lumineuse conditionne le taux de production primaire brute, mais affecte peu la respiration. A une certaine profondeur, la production primaire brute compense exactement la respiration, et la production nette (différence entre les deux précédentes) s'annule : c'est la *profondeur de compensation*, pouvant varier selon la transparence de l'eau de quelques mètres à 100 ou 200 m. La couche d'eau éclairée, située entre la surface et cette profondeur limite, est seule à abriter une production nette et est appelée *couche euphotique*. Elle revêt une importance primordiale dans l'écologie de la masse d'eau.

δ) La *turbulence de la masse d'eau*, déjà considérée (chap. II, § VIII.3), est due soit à l'agitation superficielle par le vent, soit aux rencontres de masses d'eau se déplaçant dans des directions différentes *(cisaillements)*, soit encore au frottement contre le fond. Elle a valeur, nous l'avons vu, d'*énergie auxiliaire*. La couche d'eau qui en est affectée (de quelques mètres ou dizaines de mètres d'épaisseur, donc mince en regard de la masse d'eau entière) est une *ergocline* (§ VIII.2).

Le phénomène physique est tridimensionnel. Toutefois, il affecte au premier plan la structure verticale : l'énergie cinétique injectée s'atténue en s'éloignant de sa source, et *homogénéise* l'eau sur une épaisseur fonction de l'agitation initiale. Quand elle s'exerce sur une eau déjà stratifiée, elle l'homogénéise sur l'épaisseur d'une *couche de mélange*, limitée généralement vers le bas par une diminution rapide de la température, appelée *thermocline* (fig. 11).

Les épaisseurs respectives de la *couche de mélange* et de la *couche euphotique* (autrement dit, les profondeurs de la thermocline et du niveau de compensation) sont déterminantes dans l'écologie de la masse d'eau. La thermocline, pour des raisons de mécanique des fluides, constitue une barrière quasi infranchissable pour la diffusion des minéraux nutritifs dissous (cf. S. Frontier et D. Pichod-Viale, *loc. cit.*). Ces derniers s'épuisent donc, suite à la photosynthèse, dans la couche supérieure illuminée, sans pouvoir être renouvelés à partir des couches inférieures.

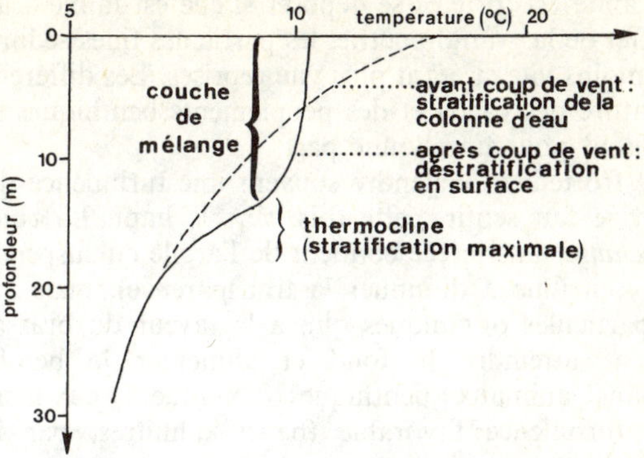

Fig. 11. — Effet du vent sur une masse d'eau stratifiée par densités. Profils verticaux de température : tireté, avant coup de vent ; ligne continue, après coup de vent.

Le réapprovisionnement minéral nécessite une disparition de la thermocline, rendue possible par la turbulence. Mais celle-ci brasse également la matière en suspension : les cellules phytoplanctoniques vont donc pénétrer dans des couches moins éclairées – parfois même descendre sous la profondeur de compensation. Leur photosynthèse va être moins active en moyenne.

La conjonction d'un bon éclairage et d'un taux suffisant de sels nutritifs est rare, et ne se réalise souvent qu'à la faveur d'*alternances* pouvant être soit saisonnières et cycliques, soit de périodes plus courtes et chaotiques (comme lors des successions de coups de vent et de périodes calmes, avec résonance entre rythmes physiques et biologiques : cf. chap. II, § VIII.2). Rappelons enfin que la turbulence gouverne la fréquence des rencontres entre organismes interactifs, par exemple entre proies et prédateurs (chap. II, § VIII.3).

ε) La *contrainte mécanique au niveau du fond.* Les masses d'eau exercent sur le fond un frottement à conséquences écologiques. Le sédiment tend à être évacué si la contrainte est forte, à se déposer si elle est faible – avec un effet de la granulométrie, les particules fines sédimentant moins vite et étant plus vite reprises. Les différences de nature des fonds et des peuplements benthiques s'en déduisent pour une bonne part.

Ce frottement engendre souvent une turbulence dont l'effet se fait sentir, cette fois, vers le haut. La *couche de mélange* ainsi créée contient de l'argile en suspension (qui contribue à diminuer la transparence), mais aussi des particules organiques qui, à la faveur du brassage, peuvent atteindre le fond et alimenter le benthos. Certains animaux benthiques accentuent eux-mêmes cette turbulence favorable (bancs d'huîtres, par leur rugosité).

b) Flux biologiques : association entre un réseau trophique et un « patron » (pattern) *de déplacements verticaux.* La chaîne trophique est, pour une grande part, organisée verticalement. Jusqu'à un certain niveau – fonction des épaisseurs de la couche euphotique et de la couche de mélange – les algues phytoplanctoniques (au nombre de quelques milliers à quelques millions de cellules par litre d'eau) fournissent une production comparable, par unité de surface, à celle des écosystèmes terrestres (forêt tempérée pour une zone côtière typique, forêt équatoriale pour une région d'*upwelling*).

La photosynthèse des couches supérieures des mers et lacs réalise la partie *autotrophe* de l'écosystème[1]. La

1. Nous ne parlons ici que de la production primaire *photosynthérique*, c'est-à-dire utilisant l'énergie solaire. Il existe aussi (pour une part sans doute peu importante à l'échelle planétaire) une *chimiosynthèse*, apanage d'organismes autotrophes (généralement des bactéries) utilisant l'énergie libérée lors d'oxydations chimiques. Un cas très étudié actuellement est celui des *communautés benthiques de sources hydrothermales profondes*, dont l'autotrophie est réalisée par des bactéries vivant en symbiose dans des tissus d'invertébrés de grande taille (mollusques lamellibranches, « vers géants » vestimentifères), qui oxydent l'hydrogène sulfuré des fumerolles et déposent du soufre dans les tissus hôtes. Nous ne pouvons, dans le cadre de cet ouvrage, nous étendre sur ce type d'écosystèmes, pourtant d'un grand intérêt théorique.

matière organique, une fois synthétisée, sédimente et se trouve dégradée (et, à terme, reminéralisée) par des processus *hétérotrophes*, comprenant :

— des *chaînes alimentaires* généralement imbriquées et foisonnantes, aboutissant à des organismes nectoniques et benthiques. La taille des organismes augmente le long de la chaîne, avec deux conséquences : (i) la vitesse de chute de la matière organique morte augmente (accélérée encore par la formation des pelotes fécales : voir plus haut) ; (ii) les organismes mobiles effectuent des migrations verticales dont le rôle dynamique a été évoqué (chap. II, § VI.1). Ces deux processus accélèrent la migration en profondeur du carbone organique ;

— l'activité de *micro-organismes décomposeurs* (bactéries, et en eau douce certains champignons), hétérotrophes pour leur part et synthétisant ainsi leur biomasse, mais libérant également dans le milieu des enzymes facilitant l'oxydation de la matière organique morte. Ils sont consommés par des animaux de très petite taille dits *microhétérotrophes* (protozoaires, larves très jeunes d'invertébrés), eux-mêmes capturés par des animaux pourvus de filtres fins. Ces derniers vont mourir sur place (salpes), ou bien leurs systèmes filtreurs sont abandonnés périodiquement (appendiculaires), le tout étant à nouveau repris par les bactéries. Et le cycle recommence, constituant une *boucle microbienne* rapide qui, elle, ralentit la migration du carbone vers les eaux profondes. Des estimations récentes établissent qu'au moins 90 % de l'hétérotrophie en milieu aquatique est de nature microbienne, 10 % seulement passant par les chaînes du premier type.

En conclusion, nous retiendrons que la partie supérieure de la « colonne » est principalement photoautotrophe, la partie inférieure exclusivement hétérotrophe. Le phytoplancton extrait le CO_2 dissous dans l'eau (lui-même en équilibre thermodynamique avec le CO_2 atmosphérique) pour l'inclure dans des molécules organiques. Une grande partie de ces molécules est reminéralisée sur place grâce à la boucle microbienne, et réutilisée sans délai par le phytoplancton. Le reste transite le long des chaînes alimentaires à macro-organismes, aboutissant à une migration, à la fois passive et active, des éléments vers les eaux profondes – où ils s'accumulent sans être réutilisés vu l'absence de lumière. La remontée de ces éléments par des processus physiques variés réamorcera la production.

L'analogie est évidente avec les écosystèmes terrestres où l'autotrophie prend place dans les parties vertes, et l'hétérotrophie principalement dans le sol obscur. L'extension verticale du système fait la différence : quelques dizaines ou milliers de mètres pour la colonne d'eau ; quelques décimètres ou mètres en milieu terrestre. En outre, dans le second cas, la remontée des minéraux nutritifs vers la chlorophylle est prise en charge par l'évapotranspiration, alors qu'elle est due aux mouvements physiques dans les océans et lacs.

La migration de carbone atmosphérique vers les masses d'eau profondes est donc essentiellement le fait d'une *pompe biologique*, multipliant l'effet de la seule diffusion physique du CO_2, très lente dans l'eau. S'y ajoute une *fixation de carbonate de calcium* par beaucoup d'organismes. Ce calcaire finit aussi par rejoindre le fond, et une grande part du CO_2 atmosphérique est éliminée par cette voie. La trajectoire du carbone (et des autres éléments biogènes) donc, du fait de cette organisation vivante, bien différente de ce qu'elle serait sur une planète stérile.

2. **Phénomènes à méso-échelle.** — L'insuffisance explicative du modèle vertical est encore plus évidente dans l'écosystème aquatique que dans l'écosystème terrestre. Les « colonnes d'eau » adjacentes interagissent en permanence par le biais des diffusions et advections latérales et des déplacements d'organismes.

Aux échelles allant de la dizaine de mètres à celle des grands mouvements océaniques, ces mouvements interviennent dans la distribution spatiale de l'*énergie auxiliaire* (« primaire » comme « secondaire ») ; celle-ci organise les rencontres entre sels nutritifs, lumière, cellules chlorophylliennes, proies et prédateurs – avec tous les problèmes de *résonance* évoqués au chapitre II, § VIII.2.

a) Mouvements advectifs. Nous avons évoqué les *upwellings* dus à un vent de terre persistant au voisinage de certaines côtes (p. 60). Plus au large, la circulation générale peut faire remonter la thermocline jusque dans la couche euphotique (*dôme :* fig. 12*a*), réapprovisionnant en permanence celle-ci en sels nutritifs. Si l'eau remontée arrive en surface, le contact avec celle qui s'y trouvait antérieurement se fait le long d'un *front hydrologique*, ergocline typique ; la figure se complique de cellules de convexion périphériques, qui remontent un supplément d'eau profonde (fig. 12*b*).

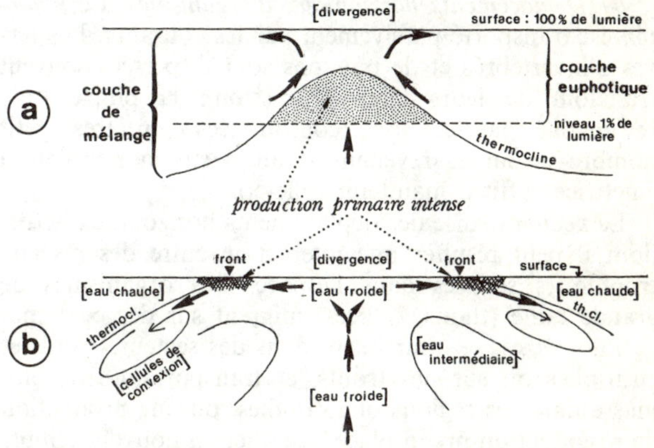

Fig. 12. — a : dôme océanique ; b : *upwelling* de plein océan.

Près des continents, et particulièrement sur le plateau continental, ce sont plutôt les *courants de marée* et les *ondes internes* périodiques (ondulations de la thermocline) qui participent au renouvellement des sels nutritifs. Les marées de vive-eau suscitent une déstratification de la masse d'eau et une « érosion » de la réserve minérale sous-jacente. Certains *fronts* peuvent apparaître là encore.

L'importance des *résonances physique/biologie* est manifeste dans toutes ces situations. Là où l'enrichissement minéral est prolongé dans le temps, une chaîne alimentaire typique s'installe, aboutissant aux poissons et aux organismes benthiques. De même si l'enrichissement a lieu sporadiquement mais sur un rythme rapide : le phytoplancton est capable d'intégrer ces « bouffées » de sels nutritifs. En revanche, quand le renouvellement des sels nutritifs intervient toutes les deux semaines (fortes marées), les premiers copépodes herbivores deviennent adultes au moment où les populations de phytoplancton s'éteignent par inanition : la chaîne trophique s'interrompt, et la matière organique préalablement synthétisée entre dans la *boucle microbienne* décrite plus haut.

b) Déplacements horizontaux d'organismes. Le *plancton* est transporté passivement par les courants. Les larves d'invertébrés et de poissons sont dispersées souvent très loin de leurs lieux d'émission ; la plupart n'y reviennent pas et sont consommées (un très petit nombre de larves revenant vivantes sur la population émettrice suffit à maintenir celle-ci).

Le *necton* réalise des déplacements horizontaux actifs, dont il peut résulter une interaction entre des réseaux trophiques séparés dans l'espace. Les organismes de grande taille (thons, cétacés) migrent sur des centaines de kilomètres, se nourrissant dans des secteurs froids et eutrophes ou sur des fronts, et transportant leur biomasse dans les régions oligotrophes, où une production de régénération prend place. On a ici un nouvel exemple d'écosystème juvénile productif (eutrophe) exploité par un écosystème mature et complexe (oligotrophe), avec transfert de matière/énergie du premier vers le second par l'entremise d'espèces mobiles, qui y consacrent une *énergie auxiliaire secondaire*.

c) Interférences entre déplacements d'organismes et déplacements de masses d'eau. Déplacements de masses d'eau et déplacements d'organismes se conjuguent pour achever les cycles biologiques. Certaines espèces d'invertébrés planctoniques sont prises dans un système de courants : leurs larves sont émises dans une zone nutritionnellement favorable, puis dérivent loin de cette zone ; mais elles acquièrent un comportement migratoire vertical leur permettant d'être reprises par un contre-courant profond, qui les ramène, sexuellement mûrs, dans le secteur initial.

Plus généralement, après une remontée d'eau, la dérive de surface entraîne au large une biomasse dans laquelle un réseau trophique s'édifie progressivement (maturation de l'écosystème). En suivant cette eau, on verra se succéder des peuplements phytoplanctoniques, puis zooplanctoniques de plus en plus diversifiés, puis des populations de poissons pélagiques, elles-mêmes exploitées par de grands migrateurs : l'aval *exploite* l'amont, comme dans un réseau hydrographique (§ II.2).

4. **Échelle de la grande circulation océanique.** — A cette échelle, c'est essentiellement la physique qui pilote la biologie. L'interaction entre océan et atmosphère détermine, en association avec la rotation terrestre, des mouvements transocéaniques et transplanétaires, et par voie de conséquences toutes les grandes structures hydrologiques. Nous renvoyons, pour le détail aux ouvrages d'océanographie[1].

Le schéma général de circulation est évidemment affecté d'une variabilité temporelle, intéressant de nombreuses échelles de temps. Outre les variations spora-

1. Par exemple M. Revault d'Allones, *Les océans*, coll. « Que-sais-je ? », 1995, ou A. Chapel *et al.*, *Océans et atmosphère*, Paris, Hachette, (coll. « Synapses »), 1996.

diques ou saisonnières, il existe des fluctuations millénaires correspondant aux variations du climat atmosphérique et de son interaction avec l'océan. Entre ces deux ordres de grandeur, des variations sont souvent observées sur quelques années, ayant des conséquences biologiques sur la planète entière. C'est le cas de l'*Oscillation australe*, plus connue sous le nom d'*El Niño* ou ENSO, marquée par un réchauffement des eaux de surface du Pacifique oriental qui inhibe l'*upwelling* responsable de la forte productivité des côtes péruviennes, dont dépend l'une des plus importantes pêcheries du monde.

L'effet retour de la biologie sur le milieu physique est moins évident. Il existe pourtant :

a) La composition de l'atmosphère doit beaucoup à l'activité des êtres vivants (ce fait a été évoqué au chapitre II, § III.3, et nous y reviendrons au § V ci-après).

b) A l'échelle des temps géologiques, la formation des sédiments et des roches sédimentaires est en grande partie *organogène*. La sédimentation calcaire est prédominante en mer chaude (mollusques, coraux, *Coccolithophores* planctoniques ayant formé les immenses couches de craie), la sédimentation siliceuse en mer froide (frustules des *Diatomées*, dont la chute est accélérée par leur agglomération en pelotes fécales : voir plus haut).

IV. — Écosystèmes littoraux

La zone littorale dans son intégralité constitue un *écotone* entre l'écosystème continental et l'écosystème aquatique. Elle ne se limite pas au trait de côte, mais possède (comme toute interface écologique) une « épaisseur » sur laquelle les influences du continent et de la masse d'eau se rencontrent et interfèrent.

En mer, cette interface est appelée zone *néritique* (par opposition à la zone *hauturière* définie par les eaux du large). Elle s'identifie pratiquement au *plateau continental* – platier de profondeur généralement inférieure à 100 m, limité vers le large par un *talus continental* de pente plus forte qui rejoint les abysses. La largeur de ce plateau va, suivant les types de côtes, de quelques centaines de mètres à quelques centaines de kilomètres. Des mers entières y sont parfois incluses, telle la Manche.

1. **Conditions physiques dominantes.** — La zone littorale est une région de fortes contraintes physiques, où se conjuguent et interagissent les influences des deux milieux en contact. Ses caractères les plus remarquables sont la faible épaisseur de la couche d'eau et la proximité du fond[1] ; une intensification de la turbulence (d'où une *couche de mélange* souvent épaisse) ; une turbidité fréquente due aux argiles en suspension et au plancton, absorbant vite la lumière (d'où une *couche euphotique* peu épaisse) ; des mouvements d'eau périodiques liés à la marée (notamment une alternance de phases d'émersion et d'immersion dans la zone dite *intertidale*) ; des apports d'eau douce abondants en provenance du continent, avec leur charge en substances dissoutes et en particules ; une importante sédimentation associée à ces apports fluviaux, ainsi qu'à une érosion du trait de côte. Il faut y ajouter, hélas, les pollutions de toutes natures, plus importantes qu'au large en raison de la concentration humaine voisine et du lessivage des continents.

S'ensuivent deux caractéristiques fondamentales de ce type de milieu :

a) Une très grande *diversité de biotopes*, liée principalement à la nature variée des fonds, à l'éloignement variable de la côte et des arrivées d'eau douce, à l'agitation variable du milieu, à l'émersion lors des cycles de marée – tous ces facteurs organisant les peuplements à la fois parallèlement et perpendiculairement à la côte.

1. L'eau recouvrant le plateau continental ne représente, par rapport son extension géographique, qu'une mince pellicule. Si, par exemple, on voulait représenter la Manche par une carte au 1/100 000 tracée sur un carrelage, avec une même échelle pour les distances horizontales et verticales, l'image aurait 5,5 m de longueur, et pour représenter la couche d'eau il suffirait de... mouiller le carrelage avec une serpillère ! Les rares « fosses » de plus 100 m seraient représentées par des rainures d'à peine plus de 1 mm de profondeur.

b) Un *régime de perturbation* quasi permanent, et un important *pilotage de l'écologie par la physique* et notamment par les interférences ayant lieu entre les masses d'eau qui s'y rencontrent, entre eau et terre, entre eau et sédiment. On y constate également une forte interaction entre plancton et benthos.

2. **Spécificités biologiques.** — La zone littorale allie une forte productivité à une diversité biologique élevée – les mers froides abritant surtout une forte biomasse, les mers chaudes une forte biodiversité. La production primaire y est souvent du même ordre de grandeur que celle d'une forêt tempérée, et même supérieure dans certains milieux estuariens ou lagunaires.

A l'échelle planétaire, la région comprise entre la côte et l'isobathe 200 m, qui représentent 10 % de la surface océanique totale, est responsable de 15 à 30 % (selon les estimations) de la productivité primaire marine, de 50 % du dépôt de carbonate de calcium, de 80 % de l'enfouissement de matière organique. Ajoutons que les neuf dixièmes des 10 millions de tonnes annuels de carbone organique tirés de la mer par l'homme proviennent de la zone littorale, et que 40 % de l'humanité habite à moins de 100 km d'une côte.

a) Conditions de la production primaire. Comme dans les autres écosystèmes, la production planctonique est contrôlée essentiellement par l'approvisionnement du milieu en minéraux nutritifs (nitrates, phosphates...) et en énergie lumineuse. Bien que la plus grande partie de la matière organique soit, tôt ou tard, évacuée vers le large, le recyclage y est important, car presque toute la biomasse passe par une phase de sédimentation, d'enfouissement, et de minéralisation, grâce aux très abondants détritivores et décomposeurs peuplant le sédiment. Le réapprovisionnement de la couche d'eau passe par une mobilisation du sédiment due aux turbulences d'origines diverses.

Les relations entre la *couche de mélange*, d'épaisseur très variable, et la *couche euphotique* déterminent les variations spatiales et temporelles de la productivité phytoplanctonique (cf. § III ci-dessus). Les fluctuations du développement phytoplanctonique reflètent ainsi largement les alternances de stratification et de déstratification de la couche d'eau. Les apports de sels nutritifs, compensant l'évacuation de la matière organique vers le large ou son enfouissement définitif, ont une triple origine :

— océanique, grâce aux divers mécanismes de remontées d'eaux profondes ;
— continentale, grâce au lessivage des continents par les rivières, qui se jettent en mer avec leur charge en extrait de sol, en matière organique, et en organismes vivants (périssant généralement lors de leur transfert en eau salée) ;
— atmosphérique enfin, au même titre que l'ensemble de la planète, mais dans une mesure encore mal évaluée au plan global : nitrates formés par oxydation de l'azote atmosphérique lors des orages, et rabattus ensuite par la pluie ; charriage de poussières minérales par les vents de terre.

A la production primaire planctonique s'ajoute celle de nombreuses formations végétales benthiques (limitées aux profondeurs faibles, ou même au rivage, vu l'absorption rapide de la lumière dans une eau généralement turbide) : diatomées benthiques, « prairies » d'algues et de phanérogames marines (par exemple posidonies de Méditerranée), végétations péri-estuariennes, mangroves tropicales, algues calcaires encroûtantes des « récifs coralliens » – sans oublier les chlorelles symbiotiques des coraux eux-mêmes.

b) Organisation écologique subséquente. L'écologie des mers côtières est d'une très grande complexité, due à l'hétérogénéité du milieu, à la diversité des communautés et de la multiplicité des interactions. Les trois grands compartiments vivants s'y trouvent rapprochés en permanence : *plancton* et *necton* (poissons, calmars) dans la couche d'eau, *benthos* dans ou sur le fond, avec des cas intermédiaires : animaux *méroplanctoniques* passant une partie de leur vie dans le plancton, une autre dans le benthos, poissons *nectobenthiques* nageant à proximité immédiate du benthos et s'en nourrissant. Les zones les plus proches de la côte jouent un rôle particulier, surtout dans les mers à marées : elles sont souvent plus riches en matière organique, et servent de zones d'alimentation (*nourriceries* ou *nurseries*) pour beaucoup d'espèces nectoniques et necto-benthiques à cycles migratoires.

Les communautés pélagiques et benthiques sont aussi diversifiées que le biotope. Les secondes, par exemple, sont déterminées à latitude égale par la nature du fond (notamment la finesse du sédiment), la vitesse du courant de fond, l'agitation par la houle. Le réseau trophique est d'une grande complexité, organisé par tailles d'organismes (cf. chap. II, § III.2), et comprend une forte interaction entre plancton et benthos. Ce dernier filtre les particules organiques en suspension (vivantes ou non) ou consomme des organismes de plus grande taille. On note une forte prédominance des *détritivores*, qui consomment la matière organique morte chutant depuis la colonne d'eau. Le retour du benthos vers le plancton est assuré par les œufs et larves émis à raison de plusieurs milliers ou millions par individu reproducteur, et dont la biomasse sert surtout à alimenter des filtreurs tant benthiques que pélagiques.

La disposition des courants (réguliers, périodiques ou sporadiques), ainsi que le vent faisant dériver les eaux de surface, sont les conditions essentielles de la dispersion des larves et gouvernent le *recrutement* des nouvelles générations. Il y a une sélection naturelle : les espèces ne bénéficiant pas de circonstances favorables sont éliminées ; pour les autres, vents et courants rendent compte d'une variabilité interannuelle, souvent constatée, du recrutement.

De façon plus générale, les cycles biologiques de la plupart des espèces néritiques dépendent d'un *« patron »* de déplacements actifs et passifs, coordonnés, des larves et des adultes.

3. **Régions en forte interaction avec le continent.** — Les régions les plus touchées par le mélange eau

douce/eau de mer – estuaires, deltas, lagunes, mangroves – développent des écosystèmes particuliers, adaptés surtout à la *variabilité* de la salinité et de l'apport sédimentaire. L'enrichissement trophique lié venu des fleuves y suscite une production et une biomasse accrues, souvent exploitées par l'homme. A l'opposé, la biodiversité y est beaucoup moins élevée que celle des deux milieux en contact, car seules des espèces bénéficiant d'adaptations physiologiques particulières peuvent y survivre. La salinité est moins intermédiaire que *variable* en fonction de la marée et de l'étiage du fleuve. L'instabilité du sédiment est due non seulement à la variabilité des apports solides, mais à leur sédentarisation sporadique : la vase s'accumule en grandes quantités sur les bords des chenaux, mais elle est facilement évacuée. Les végétations des marais maritimes, par exemple, stressées en permanence et donc maintenues *juvéniles* (chap. II, § IX.3), doivent répondre très vite à de telles fluctuations, et réagir à des pertes brutales de biomasse par une régénération rapide : le milieu se trouve constamment recolonisé, et presque en permanence saturé par une biomasse ayant cette aptitude.

Quant au pelagos des régions estuariennes, il doit compter avec une courantologie particulière dite *circulation estuaire* à deux ou à trois couches superposées. L'arrivée d'eau douce suscite, par effet d'entraînement, un courant de surface dirigé vers le large (souvent dévié par les courants côtiers), compensé par un contre-courant de fond revenant vers l'estuaire.

V. — Écologie planétaire

L'ensemble des écosystèmes de toutes échelles, continentaux et aquatiques, de la planète, s'intègre en une vaste organisation appelée la *biosphère*. On constate que celle-ci :

a) crée et maintient les conditions de son existence et de sa diversité ;

b) contrôle la physico-chimie des enveloppes superficielles de la planète (atmosphère, hydrosphère, lithosphère) ;

c) évolue à l'échelle des temps géologiques sous l'effet, entre autres, de ses propres produits.

Cette organisation, complexe et hiérarchisée, à la fois nécessite et engendre une biodiversité considérable, elle-même évolutive. Nous allons examiner quelques grands traits de cette *écologie planétaire*.

1. **Stock de carbone, biomasse et production primaire planétaires.** — Le gaz carbonique de l'atmosphère actuelle représente 700 gigatonnes[1] (Gt) de carbone ; les carbonates dissous dans l'océan, 38 000 Gt, soit plus de 50 fois la réserve atmosphérique ; le carbone fossile (charbon, pétrole, gaz), 10 000 Gt ; le carbone des sédiments calcaires, 20 millions de gigatonnes de carbone, associés à une quantité quatre fois supérieure d'oxygène, également fossilisée. La *biomasse* totale de la planète est actuellement évaluée à 600 Gt de carbone, auxquels s'ajoute une *nécromasse* représentant 2 500 Gt de carbone de matière organique morte. La *production primaire* planétaire se situe probablement autour de 50 Gt de carbone par an, soit 1/11 de la biomasse en place (qui se renouvelle donc en onze ans).

L'*énergie solaire* totale reçue par la surface terrestre est de l'ordre de $1{,}8.10^{14}$ kW (équivalant à la combustion 4 milliards de tonnes de pétrole par seconde). De cette énergie, les trois quarts sont absorbés par l'atmosphère et son humidité. De ce qui reste, 20 % seulement sont utilisables par la photosynthèse, mais entre 1/200 et 1/100 seulement sont réellement utilisés. Ce n'est donc pas l'apport énergétique qui limite, dans les conditions actuelles, la biosynthèse, mais le recyclage des éléments chimiques constitutifs :

a) Le CO_2 ne semble pas quantitativement limitant, bien que l'atmosphère n'en contienne que 0,03 % en

1. Une *gigatonne* (Gt) vaut 1 milliard de tonnes, ou 10^{15} g.

volume – contre 30 % dans l'atmosphère originelle, lorsque l'oxygène moléculaire était encore absent (cf. chap. II, § III.3).

b) L'azote moléculaire (N_2) représente 78 % de l'atmosphère en volume, mais se trouve limitant car son absorption directe par la plupart des végétaux dépend de l'enzyme *nitrogénase*, inactivée par l'oxygène (à ce titre, l'atmosphère originelle était plus favorable à la biosynthèse).

c) Les autres éléments nécessaires (P, S, Si, métaux...) se trouvent en réserve dans les minéraux des roches, d'où ils ne sont libérés sous forme assimilable qu'après une lente hydrolyse, accélérée par les végétaux eux-mêmes. Les éléments chimiques assimilés par ces derniers transitent le long des chaînes alimentaires puis sont restitués, réassimilables, au milieu physique. Un des rôles essentiels de l'*organisation biologique planétaire* consiste à mettre en œuvre et à stabiliser ces cycles matériels, appelés à cette échelle *cycles biogéochimiques.*

d) L'eau de la biomasse (2 000 Gt) ne représente qu'une partie infime de la réserve planétaire, mais son recyclage est nécessaire comme véhicule de l'énergie auxiliaire et des divers transferts matériels.

Nous décrirons brièvement, dans ce qui suit, les cycles biogéochimiques de l'eau, du carbone et de l'azote, en mettant en évidence le contrôle exercé par l'organisation biologique sur les enveloppes superficielles de la planète – couches sédimentaires comprises.

2. **Cycle de l'eau.** — Il comporte un volet physique et un volet biologique. Le premier correspond à l'évaporation de l'eau liquide sous l'effet des énergies physiques, puis à l'ascension de la vapeur, à sa condensation au niveau des nuages, enfin à sa retombée en pluie. Le second est lié au fonctionnement des végétations terrestres, qui réalisent une démultiplication considérable de la surface d'évaporation, parallèlement à un pompage de l'eau du sol par les racines. L'*évapotranspiration* d'une végétation tempérée rend compte d'environ 50 % de la

pluviométrie annuelle (le reste venant surtout de l'évaporation des mers) ; celle d'un paysage forêt-savane africain, 80 %. Sa régulation par la physiologie des plantes aboutit à une stabilisation remarquable des contenus en eau, tant de la biomasse que du sol (toutefois, à partir d'un seuil de non-retour, la désertification d'une région aride s'autoentretient, voire s'autoaccélère par disparition de la végétation).

3. **Cycles associés du carbone et de l'oxygène.** — Les quantités de carbone stockées et en circulation ont été mentionnées plus haut. Le carbone et l'oxygène sont alternativement *dissociés* sous forme de carbone organique et d'oxygène moléculaire, et *associés* sous forme de CO_2, gazeux ou dissous. Les flux des deux éléments sont rigoureusement couplés, à raison de 12 g de carbone pour 32 g d'oxygène. Tout enrichissement des fluides de la planète en oxygène moléculaire a pour corollaire une immobilisation de carbone, selon ces proportions précises (cf. chap. II, § III.3).

Cependant de nombreuses inconnues subsistent encore, et des recherches actives sont menées actuellement, au plan international, pour les lever. Les grandes questions portent sur les échanges et les flux de CO_2 entre les principaux compartiments du cycle (atmosphère, océan, matière organique) et entre les subdivisions de ces compartiments : par exemple, la partie littorale et la partie hauturière des océans. Un compartiment est une « source » de CO_2 si, en termes de bilan, il produit ce gaz, un « puits », s'il l'absorbe. On ne sait pas encore si la zone océanique littorale est une source ou un puits : elle est un puits si la matière organique qu'elle synthétise est exportée de façon significative vers le large, mais les estimations actuelles sont trop incertaines pour en décider.

A l'origine de cet intérêt, se trouve l'augmentation actuelle exponentielle du contenu en CO_2 de l'atmosphère, conséquence de l'intensification des activités industrielles (0,028 % de CO_2 en volumes avant l'ère industrielle ; 0,035 % aujourd'hui, soit une augmentation d'un quart en un siècle et demi – et d'un dixième au cours de ces dix dernières années). Les *flux actuels de carbone* sont aujourd'hui estimés comme suit : les océans en absorbent et rejettent entre 92 ou 93 Gt par an ; les continents, entre 110 et 130 Gt. On ne sait pas bien si le bilan est positif ou négatif, et on ne sait pas encore si les régulateurs principaux du CO_2 atmosphérique sont potentiellement les océans ou les forêts (dans le cas où elles ne sont pas incendiées).

Quoi qu'il en soit, si l'on compare l'augmentation du stock atmosphérique (passé de 550 Gt de carbone sous forme de CO_2 avant le développement industriel, à 700 Gt aujourd'hui, avec émissions industrielles connues d'après les statistiques, on aboutit à un déficit d'environ 50 %, qui ne peut qu'avoir été absorbé par un des compartiments interactifs. Les calculs rendent invraisemblables que la biomasse planétaire ait augmenté au point d'équilibrer le bilan (elle aurait dû, pour cela, augmenter de 25 % en un siècle et demi). On pense que le CO_2 manquant a été absorbé par les océans, partie dans la biomasse enfouie en profondeur, partie dans du carbonate de calcium sédimenté et dans le système des carbonates-bicarbonates solubles.

4. **Cycle de l'azote.** — L'azote sous sa forme moléculaire N_2 est, à l'inverse du dioxyde de carbone, pléthorique dans l'atmosphère (78 % en volume) et dans les eaux (étant deux fois plus soluble que l'oxygène). Mais il n'est absorbé par la plupart des plantes que sous une forme soluble et ionisée : NH_4^+ (ammoniaque), NO_2^- (nitrite) ou NO_3^- (nitrate). Toutefois, certaines bactéries et toutes les *cyanophycées* (« algues bleues ») bénéficient de mécanismes biochimiques de protection contre l'oxygène, et peuvent assimiler l'azote moléculaire[1]. Elles

1. La fixation de N_2 se réalise souvent en symbiose avec des plantes supérieures. Certaines bactéries du sol symbiotiques de légumineuses et de quelques autres familles de plantes, en sont l'exemple le plus connu. Un champ de trèfle fixe ainsi entre 50 et 300 kg d'azote par hectare et

jouent un rôle fondamental dans l'écosystème planétaire ; toutefois leur biomasse totale est faible.

Pour le reste, un peu d'azote est oxydé dans les éclairs des orages, donnant des ions NO_3^- rabattus ensuite par la pluie. Mais l'azote surtout est *recyclé* avec efficacité et rapidité par l'écosystème dans son ensemble. De nombreuses espèces bactériennes – principalement aérobies et neutrophiles (en milieu acide, elles sont relayées par des champignons, d'un moins bon rendement) – assument les étapes successives de la décomposition de la matière organique morte et de son retour à des formes assimilables.

Ce qu'on appelle couramment « cycle de l'azote » est donc, en fait, un *cycle court* comprenant une alternance entre les formes ionisées assimilables de l'élément, et la forme organique. Le retour vers l'atmosphère existe dans le cadre d'un cycle plus long : en effet, en cas de forte accumulation organique, une partie de l'azote est éliminée du cycle court et rejoint un cycle atmosphère–atmosphère grâce à des activités microbiennes dites *dénitrifiantes* (nitrates devenant nitrites, puis N_2O (monoxyde d'azote, gaz à effet de serre) et N_2.

5. **Autres cycles biogéochimiques.** — On peut décrire des cycles biogéochimiques pour tous les éléments constitutifs de la biomasse (P, S, Ca, Si, Fe...). Leur complexité varie selon l'élément chimique, mais chacun fait intervenir une organisation écologique à des échelles d'espace-temps diverses et hiérarchisées ; ces organisations diffèrent d'un élément à l'autre, les espèces clés n'étant pas toujours les mêmes. D'autre part, ces cycles sont *interactifs* à un double titre :

(i) pour des raisons physico-chimiques. Par exemple, une bonne partie de la réserve en phosphore du sol se

par an (ordre de grandeur de ce que consomme un champ de blé). Dans les eaux douces, les cyanophycées prolifèrent grâce à ce mécanisme, surtout lorsqu'une pollution source de phosphates lève ce deuxième facteur limitant : les eaux, dans ce cas, s'*eutrophisent* (cf. p. 55).

trouve sous forme de phosphates de calcium, fer, manganèse, etc., dont la libération donne des composés plus ou moins solubles selon l'acidité et le degré d'oxydoréduction du milieu (ainsi, en milieu neutre, l'association P-Fe^{++} est soluble et assimilable, l'association P-Fe^{+++} insoluble et verrouillée ; mais en milieu acide la seconde association devient soluble) ;

(ii) pour des raisons biologiques. Un élément ne peut pas se recycler correctement à lui seul : *tous* doivent être recyclés en même temps, et le dysfonctionnement d'un cycle entraîne celui des autres. Les cycles biogéochimiques sont donc enchevêtrés, et *organisés entre eux* aux diverses échelles de l'écologie planétaire.

VI. — Conclusion : biosphère évolutive

En 1979, Lovelock[1] publiait son *« hypothèse Gaia »* selon laquelle la Terre, prise globalement, était « un être vivant ».

Pour excessive que soit cette formule, elle reflète une réalité fondamentale : *la biosphère est organisée pour assurer sa persistance*, ce qui implique notamment son *évolution* en tant que processus adaptatif face aux variations de son environnement – variations dont elle est elle-même en grande partie responsable. La persistance de la vie sur terre depuis 3,8 milliards d'années, et l'évolution des espèces et des écosystèmes telle que nous la connaissons (avec ses épisodes variés de diversification et de complexification) en sont des preuves absolues.

Depuis son apparition sur la terre, la vie a à la fois suscité et subi une augmentation considérable du taux d'oxygène de son environnement, en même temps qu'un effondrement du taux de CO_2 – cause d'un effet de serre qui maintenait sur la planète primordiale un climat par-

1. J. E. Lovelock, *Gaia : a new look at life on earth,* New York, Oxford University Press, 1979.

tout tropical[1]. La nouvelle composition atmosphérique a ralenti la biosynthèse, principalement en rendant difficile l'accès à l'azote atmosphérique ; mais en même temps sont apparus (peut-être depuis les Stromatolites, premiers êtres vivants connus) des mécanismes de protection biochimique contre l'oxygène, restituant cet accès.

Parmi les autres conséquences de l'apparition d'oxygène : celle de l'*ozone stratospérique* (O_3), qui stoppe le rayonnement ultra-violet, briseur de molécules organiques. L'UV étant absorbé par une pellicule d'eau, la vie avait pu se développer, à l'origine, en milieu aquatique. L'apparition de l'ozone a permis la colonisation des terres émergées.

Vers – 600 millions d'années, au Précambrien, apparurent les *hétérotrophes*, tirant leur énergie de la matière organique synthétisée par les autotrophes. Une explosion de diversité biologique y fit suite, signature d'une organisation écologique, encore efficiente aujourd'hui. Rappelons cependant que cette diversité fut loin d'être constante, et que depuis le début du Primaire, cinq extinctions massives d'espèces ont été recensées[2], ainsi que des extinctions de moindre importance. Chaque fois, les écosystèmes récupèrent lentement leur diversité, selon des évolutions calquées, aux échelles de temps près, sur celles observées dans les écosystèmes actuels (chap. II, § IX).

Il semble bien que chaque problème rencontré par la matière vivante au cours de son histoire ait suscité des adaptations taxonomiques et écologiques, c'est-à-dire des apparitions d'espèces capables, insérées dans un bon écosystème, de relever le défi. Le processus se poursuit de nos jours. Une condition absolue de cette adaptabi-

1. Aujourd'hui encore le faible taux de CO_2, en conjonction avec quelques autres gaz et la vapeur d'eau, maintient les enveloppes terrestres à des températures compatibles avec la vie. En l'absence de tout effet de serre, la température à la surface de la terre serait de l'ordre de – 30 °C.

2. A la fin de l'Ordovicien, au Dévonien, au Permien, au Trias et au Crétacé.

lité est une biodiversité importante à tous les niveaux de l'organisation (fonctionnel, taxonomique, génétique...), à partir de laquelle s'édifiera, dans chaque cas, le système d'interactions le plus performant. Mais ces adaptations *demandent du temps*.

Gaia en a ! Le danger actuel vient des *modifications rapides* imposées par l'homme aux couches superficielles de la planète, et auxquelles la biosphère n'est pour l'instant ni préparée, ni protégée : effet de serre croissant ; molécules organiques nouvelles émises dans le milieu ; érosion de la couche d'ozone sous les coups de boutoir des CFC ; libération de métaux des roches à une vitesse 10 à 100 fois plus rapide que par l'altération naturelle, etc. Peut-être est-on, en outre, sur la voie d'une nouvelle extinction massive d'espèces... que *Gaia* fera certainement suivre d'une lente reconstitution de sa diversité... mais avec ou sans l'homme ?

Chapitre IV

L'HOMME ET LES ÉCOSYSTÈMES

L'homme s'est installé depuis le Quaternaire dans la biosphère complexe : d'abord comme une espèce modeste parmi d'autres ; puis de façon de plus en plus hégémonique, canalisant vers lui une partie croissante de la production biologique planétaire, et modifiant profondément son environnement. Aujourd'hui son impact s'étend à pratiquement toute la planète, et a acquis une intensité du même ordre de grandeur que les phénomènes planétaires qui viennent d'être décrits.

Nous nous proposons, dans ce chapitre, d'analyser le mode d'insertion de notre espèce, à toutes les échelles de son activité, dans l'écosystème de la planète. Nous constaterons que :

a) Toutes les fois que l'homme intervient dans un écosystème, il l'*anthropise,* c'est-à-dire le transforme en un *nouveau système.*

b) L'hégémonie de l'espèce sur la planète, et la coopération des sociétés dans ce projet, se sont organisées selon les principes de fonctionnement d'un *écosystème généralisé*.

I. — Exploitation des écosystèmes par l'homme

L'explosion démographique initiée au Néolithique (– 8 000 ans) a rendu à la fois possible et nécessaire une intervention sur le milieu aux fins d'augmenter son potentiel alimentaire. Une mainmise s'en est suivie sur l'*écosystème terrestre*, le modifiant profondément et le transformant en *agrosystème*. En revanche les *écosystèmes aquatiques* (littoraux compris), très productifs par eux-mêmes, restent sous le régime chasse-cueillette, même si ces activités sont devenues industrielles.

1. **Exploitation des écosystèmes continentaux. *Agrosystèmes*.** — Les végétations préexistantes ont été défrichées puis remplacées par une organisation de cultures et d'élevages permettant davantage de croissance démographique – suivant un processus autoaccéléré, encore à l'œuvre aujourd'hui. La stratégie développée par l'espèce humaine dans cette entreprise s'inscrit dans la logique écosystémique.

Le besoin de rendement a conduit à sélectionner un petit nombre d'espèces à croissance et multiplication rapides, robustes vis-à-vis des à-coups, en bref d'*espèces à stratégie « r »*.

Ont été privilégiées, parmi les végétaux, des espèces à forte production d'éléments reproducteurs consommables (graines) : les céréales, et des espèces proliférant rapidement dans des milieux enrichis en matière organique et en azote : les légumes[1] ; parmi les animaux, des espèces suffisamment prolifiques et à bon rendement de viande. Le processus s'étend aux usages de la biomasse autres qu'alimentaires, telles que les cultures textiles et la production de bois.

Les espèces utilisées étant peu nombreuses et fortement exploitées, le système modifié prend tous les caractères d'un écosystème déstructuré dans lequel de la biomasse est exportée en permanence – système maintenu dans une stratégie de croissance par le flux forcé de

1. La plupart des légumes sont botaniquement apparentés à des espèces *nitrophiles* (se développant dans les milieux enrichis en matière organique et, par suite, concentrant de l'azote dans leur biomasse) et *rudérales* (proliférant au voisinage des ordures et déjections). On pense que les premiers végétaux verts consommés ont été des plantes se développant au voisinage des habitations humaines et des enclos d'élevage ; les légumes actuels en seraient issus par sélection.

matière, en d'autres termes maintenu « juvénile » : *l'exploitation de la biomasse par l'homme est une exploitation d'écoystèmes juvéniles,* ou à *stratégie de croissance.* La biomasse exploitée se régénère après chaque prélèvement – la pratique agricole ayant remplacé les espèces de la régénération naturelle par des espèces choisies, encore plus profitables.

Il s'ensuit une fragilisation de l'écosystème ainsi asservi, qui perd sa *résilience* propre ; ses caractères acquis ne sont pas durables hors intervention incessante. Son évolution montre un *point de bifurcation.* Une exploitation trop intense aboutit à une désertification autoaccélérée (chap. III, § V.2). Tant que ce processus n'est pas déclenché, le système modifié tend spontanément à se re-diversifier par prolifération d'espèces qualifiées de nuisibles : « mauvaises herbes » venant concurrencer l'espèce cultivée ; champignons, insectes et rongeurs « ravageurs des cultures » venant contrôler sa démographie. La *persistance* du système sous sa forme modifiée (favorable à l'homme) doit être prise en charge par ce dernier, *via* deux types d'actions :

a) Renouvellement des ressources du sol en eau par arrosage et irrigation, en éléments nutritifs par administration d'engrais minéraux ou organiques – les seconds supposant la présence d'une flore microbienne nitrifiante en bonne santé. Le labourage, ramenant à la surface du sol les éléments fertiles perdus par percolation, renforce encore l'action des vers de terre. Quand le sol se trouve non seulement épuisé en ressources, mais biologiquement et physiquement altéré, des actions de restauration plus spécifiques doivent être entreprises, allant du chaulage, à des actions biologiques telles qu'ajout de compost, réintroduction de vers de terre, reforestation.

b) Maintien de la dé-diversification par élimination active, manuelle ou chimique (cette dernière méthode conduisant à des altérations biologiques), des espèces non désirées. S'y rattachent les soins et protections prodigués aux animaux d'élevage dont les démographies, dans les conditions naturelles, seraient bridées par les prédateurs et les maladies.

Toutes ces interventions vont dans le sens d'une injection raisonnée (et parfaitement mesurable : travaux de Pimentel) de matière et d'énergie dans le système contrôlé. L'énergie injectée est une *énergie auxiliaire* au sens défini au chapitre II, § VIII. L'ensemble interactif constitué par le peuplement vivant modifié *et* les activités humaines qui le font perdurer est un *nouveau système* (et même un *système complet* : chap. I, § II.4), appelé *agrosystème*. Au-delà de l'action humaine directe, il inclut des interactions entre végétaux et animaux utilisés ; en effet, la composition spécifique et la structure des végétations pâturées sont toujours profondément marquées par la consommation des animaux herbivores – lesquels, privés de leurs prédateurs naturels, peuvent aller jusqu'à dégrader et désertifier un paysage, si l'élevage est trop intense et le prélèvement humain insuffisant (le pourtour méditerranéen, très forestier au départ, a été quasi désertifié au long du Néolithique par « le fer, le feu, la dent »).

2. **Exploitation des écosystèmes aquatiques.** — La récolte de produits alimentaires aquatiques (essentiellement marins) se fait encore largement suivant le régime « cueillette », même lorsque celle-ci implique des moyens lourds. Son intensification aboutit, hélas, à un plafonnement des rendements et à un effondrement des stocks.

Ces difficultés d'exploitation, et surtout l'insuffisance programmée des ressources marines, ont conduit les exploitants à promouvoir une *aquaculture*, consistant à élever algues et animaux dans des conditions artificielles ou semi-artificielles contrôlées. Le procédé a suscité beaucoup d'espoirs, mais n'est encore ni très développé, ni même très au point, en raison du coût des infrastructures et des difficultés techniques (le contrôle de la production exige par exemple celui du recrutement larvaire, qui nécessite la mise au point d'écloseries industrielles et d'installations d'élevage de larves et de jeunes).

Certaines exploitations, enfin, sont des *semi-aquacultures* relevant plutôt d'un aménagement du littoral, destiné à intensifier et rendre plus maîtrisable une production déjà existante. C'est le cas des parcs conchylicoles et des bassins à crevettes creusés en arrière d'un littoral, parfois enrichis en sels nutritifs pour en augmenter la production primaire. Cependant, en aucun cas, ces « fermes aquacoles » n'atteignent l'extension ni l'intensité qui a fait transformer les écosystèmes terrestres en *agrosystèmes* : il s'agit encore d'une « cueillette », éventuellement aménagée localement et industrialisée. La surexploitation des ressources naturelles reste donc le problème majeur de l'exploitation des écosystèmes aquatiques.

II. — Altération des écosystèmes par l'homme

Parallèlement à la production de nourriture, les populations humaines en expansion ont entrepris de restructurer leur milieu de vie et d'y développer une technologie. L'espèce humaine exerce sa mainmise sur le substrat (bâtiments, routes, ports...), sur la circulation des eaux continentales, etc. Ces actions ne présentent pas de différence de nature avec celles d'innombrables espèces qui modifient leur milieu – depuis celles qui indurent ou ameublissent leur substrat, jusqu'à celles qui construisent des édifices à atmosphère contrôlée, comme les fourmilières et les termitières. Cependant, à côté des effets désirés, on voit se développer :

— Une intoxication des divers milieux (eaux, sédiments, sols), et de la biomasse, par des produits et sous-produits de l'industrie : nitrates et nitrites, métaux lourds, pesticides... C'est le problème de la *pollution*, largement documenté (voir J. Vernier, *L'environnement*, coll. « Que sais-je ? »). En milieu aquatique certaines actions, comme les rejets de phosphates et de nitrates, aboutissent à des *eutrophisations* locales, qui ne sont pas exactement des pollutions mais des accumulations excessives de matières organiques que l'écosystème ne peut « digérer » (chap. II, § VI.2).

— La *disparition de nombreuses espèces*[1], principalement liée à celle de leurs habitats naturels ; la diminution de la biodiversité est aujourd'hui un phénomène planétaire et qui s'accélère (voir par exemple C. Lévêque, *La biodiversité,* coll. « Que sais-je ? ») – mais elle a été initiée au Néolithique, avec le défrichement et l'incendie de nombreuses végétations.

— La *disparition de nombreux biotopes* (notamment de nombreuses forêts) avec ses conséquences sur la biodiversité comme il vient d'être dit, mais aussi sur l'interaction végétation/sol/atmosphère (chap. III, § II.1 et V.2) donc sur la variation climatique, la désertification et l'érosion.

— La *modification de l'atmosphère* suite à l'émission de CO_2 et d'autres composés industriels, avec ses conséquences sur l'effet de serre, sur l'intégrité de la couche d'ozone stratosphérique, etc.

— La *modification des cycles biogéochimiques.* Les effets de l'activité humaine sur le cycle de l'eau et sur le cycle du carbone viennent d'être évoqués. L'activité industrielle se traduit en outre par une injection massive d'éléments chimiques dans la biosphère : les métaux sont aujourd'hui extraits des roches à une vitesse 10 à 100 fois supérieure à celle des processus naturels, etc.

La fixation d'azote atmosphérique par la biosphère a été estimée en 1982 comme suit : fixation par les océans, 20 millions de tonnes d'azote par an (dont 5 par les cyanophycées planctoniques, 15 par les cyanophycées et bactéries benthiques) ; par les continents, 100 millions de tonnes (essentiellement par les cyanophycées libres et les bactéries symbiotiques

1. Deux millions d'espèces, dit-on, auront disparu à la fin de ce siècle. Est-on à la veille, par le fait de l'homme, d'une nouvelle disparition massive d'espèces, comme la planète en a connu par le passé pour d'autres causes (chap. III, § VI) – mais sur des intervalles de temps beaucoup plus longs ?

de plantes supérieures) ; par les apports industriels, 40 millions de tonnes. L'homme agit désormais à l'échelle des grands phénomènes planétaires.

III. — Écologie généralisée[1]. Le « système humain »

1. **Les systèmes *URBS* et *AGER*.** — L'implantation humaine dans la biosphère se fait suivant deux modes simultanés, dits *urbain* (l'écosystème *« URBS »* de P. Duvigneaud, *loc. cit.*) et *rural* (l'écosystème *« AGER »*). La modification du milieu physique atteint son degré maximal dans *URBS*, où la biomasse non humaine est très réduite et où le substrat, très minéralisé, est très organisé techniquement. *AGER*, de son côté, développe l'*agrosystème* défini plus haut.

Cette dualité concrétise une différenciation du système humain en deux stratégies spécialisées, opposées et complémentaires : celle de la CROISSANCE et celle du DÉVELOPPEMENT (commentées, dans le cadre des écosystèmes, au chap. II, § IX et X). L'écosystème *URBS* ne produit pas de biomasse alimentaire, celle-ci lui étant fournie par *AGER* dans une stratégie de production intense ; il développe au contraire une technologie, des infrastructures, des outils, pour son usage propre mais aussi pour fournir à *AGER* les moyens d'assurer son rendement et sa persistance.

Cependant l'asservissement d'*AGER* par *URBS* va au-delà de cette « assistance technique » puisque le second (depuis toujours, mais aujourd'hui de plus en plus) commande et régule la production du premier. Par ce pilotage, le *flux de matière et d'énergie d'AGER vers URBS* se double d'un *flux d'information dans le sens opposé.*

Cette organisation bipolaire crée les conditions de sa permanence. *AGER* est maintenu par le système

1. Terme proposé par Edgar Morin, dans *La méthode (loc. cit.)*, dans un sens encore plus général, fondé sur le couplage interactif de tout système de relations avec son environnement.

d'échanges dans son état de système peu structuré, très productif, exportant sa production vers *URBS*, contrôlé par ce dernier et ne pouvant exister sans ce contrôle. En revanche *URBS*, dépendant d'*AGER* pour ses aliments, se consacre au développement de structures et d'outils par lesquels il va en même temps se contrôler et contrôler son partenaire. On retrouve la logique du contact interactif forêt/savane (chap. II, § X). C'est le point de départ d'une « écologie généralisée » du *système humain* – système dans lequel la diversité fonctionnelle est assurée par une diversité non pas inter-spécifique comme dans les écosystèmes, mais (à l'instar de la diversité génétique) intra-spécifique : celle des métiers, des rôles, des « niches » socioéconomiques – le tout au sein d'une structure hiérarchique à emboîtements nombreux.

2. **L'homme acteur de son système.** — La stratégie démographique de l'espèce humaine est, au départ, de type « *r* », comme le prouvent à la fois une explosion démographique ininterrompue depuis 10 000 ans, et des mortalités massives subies et vite compensées. Depuis peu de siècles, et dans une proportion réduite de la population planétaire (celle des pays industrialisés et riches), on observe une évolution vers une stratégie « K » privilégiant l'amélioration de la protection individuelle et des conditions de vie, le ralentissement de la mortalité, la baisse de la natalité (cette tendance est, en fait, aussi ancienne que le genre humain ; elle n'a fait que se systématiser dans le mouvement industriel récent).

Attardons-nous d'abord sur la transformation du milieu. Nous l'avons évoquée au sujet de l'*agrosystème* ; elle est encore plus marquée dans le système *URBS* pris au sens le plus général, c'est-à-dire incluant les usines transformant les matières premières en objets, et tout l'aménagement de l'espace. Ces créations d'information-structure nécessitent des dépenses d'énergie représentant, par définition, de l'*énergie auxiliaire,* en tous points comparable à celle utilisée par les animaux et les végétaux pour occuper et aménager leur milieu.

Une nouvelle notion émerge à cette étape du raisonnement : celle de *biomasse auxiliaire*, définie comme la *matière organisée par l'énergie auxiliaire*, et introduite comme suit :

Tout être vivant consacre une partie de l'énergie qu'il assimile à la création et au fonctionnement de structures lui permettant de rester vivant, en particulier à l'édification de structures de soutien et de protection : bois des arbres, squelettes calcaires ou chitineux, coquilles des mollusques. Certaines constructions procèdent de mécanismes purement physiologiques : tube muqueux d'un ver, une coquille d'un mollusque créée à partir du CO_3Ca capturé. D'autres font intervenir un *comportement* (édification par une larve de phrygane d'un tube protecteur fait de grains de sable agglomérés par du mucus ; construction des fourmilières et termitières, des nids d'oiseaux, etc.). Lorsque notre espèce construit des abris, ou se fabrique des vêtements et des outils, elle se situe dans la même ligne évolutive.

Or si l'on considère la coquille d'un mollusque comme une partie de sa biomasse, il doit en être de même du tube de la phrygane, de la termitière, enfin des constructions humaines – le « dénominateur commun » étant une *réorganisation de l'environnement au moyen de l'énergie auxiliaire*. Cette dernière est d'origine biologique dans les activités fondées sur le travail musculaire des animaux domestiques ou des esclaves (c'est alors de l'énergie auxiliaire *secondaire* : chap. II, § VIII.4), ou d'origine extérieure si la source est physique (énergie auxiliaire *primaire*). La *stratégie* « K » de l'espèce humaine dans sa phase industrieuse consiste largement en l'élaboration d'une énorme *biomasse auxiliaire*, allant des routes et bâtiments aux brosses à dents électriques, aux fins d'assurer sa persistance autrement que par une prolifération démographique.

Dernière remarque : dans chaque activité humaine, une échelle spatiale est privilégiée. Or l'environnement est *fractal* à toutes les échelles (chap. II, § VI.3) ; sa géométrie inextricable et sa rugosité sont des handicaps pour le mode d'action de notre espèce. Il nous faut donc d'abord rendre cette géométrie maîtrisable, en supprimant localement son caractère fractal et en le « lissant » (création de routes, rectification du trait de côte et du cours des rivières, remplacement des grottes naturelles par des bâtiments à géométrie euclidienne). Ce lissage ne concerne évidemment qu'une certaine *plage d'échelles*, en cohérence avec le type d'activité : par exemple, dans la construction d'un port, la plage allant du centimètre à la dizaine de kilomètres ; la rugosité infra-centimétrique du béton et l'irrégularité naturelle du littoral à l'échelle géographique conservent leurs géométries fractales.

3. **Évolution des sociétés.** — La *diversité fonctionnelle* du système humain est, nous l'avons dit, intra-spécifique : c'est celle des métiers, des « niches » (ou « créneaux ») socioéconomiques, des fonctions. Son rôle est cependant très analogue à celui joué par la diversité inter-spécifique dans les écosystèmes : elle est à la base de toute organisation. Elle est également, comme la diversité spécifique des écosystèmes, un indicateur du degré de complexité atteint : à des diversités professionnelles différentes correspondent des niveaux d'organisation socioéconomique différents.

Les sociétés « traditionnelles » sont peu organisées économiquement, et peu diversifiées en termes de métiers. Une grande partie de leur activité est consacrée à la production d'aliments. Par ailleurs leur fécondité est importante, compensée par une mortalité (notamment infantile) importante, due aux à-coups de la production alimentaire et aux maladies : leurs démographies sont typiquement de type « *r* », axées sur une croissance en biomasse régulée par mortalité naturelle. Toute suppression d'une cause de mortalité (augmentation de la production d'aliments, recul des maladies) se traduit, dans cette phase, par une explosion démographique... rattrapée quelques temps après, sauf intervention nouvelle, par la famine et l'épidémie.

Au long des millénaires, de façon spontanée – ou plus rapidement lors de rencontres avec des sociétés « développées » : nous envisagerons plus loin l'interaction entre les deux types de sociétés –, les sociétés traditionnelles *évoluent*. Elles élaborent des actions plus diversifiés, des projets collectifs, porteurs d'une *diversification professionnelle* impliquant spécialisation et organisation interactive. Le processus s'apparente à la *maturation* observée dans l'évolution des systèmes écologiques. Le niveau de vie moyen et la protection individuelle augmentent, autorisant la baisse des taux de natalité et de mortalité : une démographie de type « K » s'établit, limitant la croissance mais favorisant le développement de structures, c'est-à-dire l'accumulation d'une information interne (richesses ; *biomasse auxiliaire*). On est passé d'une *stratégie de croissance* à une *stratégie de développement*[1]. Notons que cette dernière ne peut se réaliser qu'à partir d'une certaine densité de population, nécessaire pour l'émergence d'une organisation et atteinte grâce à la phase précédente de *croissance*.

L'organisation sociale complexe permet (aux crises près) de tamponner l'effet de perturbations point trop intenses. Une perturbation violente (une guerre, une révolution, une grande catastrophe naturelle) peut avoir

1. Le vocabulaire économique mêle souvent, de façon ambiguë, *croissance* et *développement*.

Les objectifs actuels de *croissance* économique ne concernent pas, d'évidence, la croissance démographique, ni même la croissance brute des denrées produites ou de l'énergie stockée (même quand, vus par le petit bout de la lorgnette, ils se traduisent en termes de « croissance des comptes en banques »). Ils ciblent au contraire l'accélération des flux monétaires, la croissance des investissements, l'augmentation des niveaux de vie – concepts se rapportant à une croissance de la quantité de matière *structurée* par l'activité humaine, c'est-à-dire de la *biomasse auxiliaire*. Ces objectifs impliquent, certes, une croissance énergétique, mais il s'agit ici d'*énergie auxiliaire* nécessaire à cette structuration. En bref, la « croissance » dont nous parlent les économistes est une croissance des richesses, c'est-à-dire une *croissance de l'information interne* de la société, comparable à celle observée lors de la maturation d'un écosystème quand il inaugure, après une phase de croissance en biomasse, un processus de développement. L'augmentation démographique planétaire, toutefois, fausse le jeu.

raison des structures préexistantes (matures... ou parfois sénescentes), et déstructurer le système socioéconomique. Celui-ci régresse vers un stade plus « jeune » à partir duquel, si la perturbation disparaît, il pourra entreprendre une nouvelle maturation.

En conclusion, le *système humain* évolue d'une manière très analogue à un *écosystème*, faisant alterner des phases de structuration et de déstructuration. Cette parenté dynamique et comportementale ne doit pas nous étonner : l'un et l'autre systèmes sont à interactions complexes, fondés sur des circulations de matière/énergie/information au sein d'une structure diversifiée et hiérarchisée. Tous deux sont capables d'asservir leur environnement matériel et énergétique en l'incluant dans leur propre structure, aux fins de la complexifier et de la perfectionner. On se trouve devant une *dynamique de système* justifiant pleinement le terme d'*écologie généralisée*. Nous allons renforcer cet isomorphisme en analysant les interactions entre sociétés de degrés de développement différents.

4. **Contact entre deux sociétés de niveaux de développement différents.** — La dualité *AGER/URBS* ne décrit pas seulement deux types d'organisation : elle n'a de sens que dans une logique d'interaction. L'agrosystème nourrit la société humaine mais, nous l'avons souligné, il n'a aucune permanence propre et dépend d'une intervention permanente, se ramenant à une injection d'énergie auxiliaire, de matière et d'information à partir de « la ville ».

Le couplage va bien au-delà de la production et de la distribution d'aliments. *AGER* produit toutes les denrées, encore non transformées, nécessaires à la création de « biomasse auxiliaire » par *URBS*. S'y incluent donc non seulement la sylviculture et les cultures utilitaires, mais les extractions minières de carbone fossile (destiné à fournir de l'énergie auxiliaire), de pierres, de métaux... En revanche, toutes les usines de *transformation* appartiennent à *URBS*, ainsi que les structures de *transport*. Enfin, *URBS* réinjecte dans *AGER* une partie des produits transformés, restituant structure et information au système artificiellement déstructuré, et lui conférant une durabilité.

Comme dans les écosystèmes, *cette bipolarité crée les conditions de sa permanence.* Aucune société n'évolue vers un état homogène, intermédiaire entre ville et campagne. Chaque terme se spécialise, au contraire, dans sa fonction, et se restructure en ce sens. *AGER* se spécialise dans une logique de production et d'exportation intensives et peu diversifiées, se pliant aux besoins d'*URBS*. Ce dernier, de son côté, se développe plus et plus vite qu'il ne le ferait sans ces importations intensives de matières premières ; par ailleurs il assume la fonction d'échange en organisant les transports de matières premières dans un sens, d'objets transformés dans l'autre. L'isomorphisme avec le système forêt/savane dépasse une simple « analogie ».

Les contacts entre pays dits « en voie de développement » et pays industrialisés fournissent un autre exemple de couplage, à l'échelle planétaire cette fois.

Les premiers, trouvés dans une socioéconomie traditionnelle lors de leur « découverte » par les sociétés occidentales, ont été (par diverses méthodes) incités à se spécialiser dans une stratégie de production intense et peu diversifiée, et d'exportation de leurs produits. Les cultures vivrières ont été remplacées par des monocultures exportables, peu diversifiées à l'échelle du pays producteur, mais utilisables par les pays développés dans le cadre d'une économie diversifiée. Parfois l'économie d'un pays producteur a cessé d'être agricole, et s'est réorientée vers la fourniture de minerai, de pétrole ou de bois d'exportation.

A l'image d'un écosystème devenu *agrosystème*, le pays producteur perd, dans ce processus, toute capacité d'autosubsistance. Le flux forcé de matière/énergie et la dé-diversification entraînent la déstructuration de son système socioéconomique, situation fatale à sa survie, à moins qu'une « structure minimale » n'y soit injectée en retour. Des objets manufacturés et des équipements industriels (modestes) sont donc fournis au pays producteur, ainsi que des infrastructures minimales, des médicaments et même des produits alimentaires (« du pétrole contre de la nourriture »). Ces retours assurent aux pays producteurs/exportateurs les conditions de leur durabilité[1] et en même temps restructurent ces derniers dans le sens d'une « occidentalisation » – entendre : d'une exportation aisée et intense de leurs produits vers les sociétés industrialisées, jouant le même rôle qu'*URBS*. La carte des routes, chemins de fer et ports drainant la production d'un pays faussement dit « en voie de développement » vers l'Occident donne une mesure de cette restructuration.

Ce n'est donc nullement le *développement autonome* des pays antérieurement sous-développés qui est ici visé, mais leur spécialisation dans un rôle de producteur/exportateur, entraînant encore plus de *croissance*, encore plus de sous-développement (au sens de « déficit structurel »), et encore plus de *dépendance* vis-à-vis du système interactif {pays en *CROISSANCE* ; pays en *DÉVELOPPEMENT*}. Comme pour deux écosystèmes de degrés de maturité différents, le couple n'évolue nullement vers un effacement de sa différence, mais au contraire vers son renforcement et sa pérennisation, dans le cadre d'un partage organisé des fonctions. A l'instar des écosystèmes (et de toutes les organisations vivantes !), le système humain s'est au long de son histoire, aux fins d'exploiter les ressources de la planète, structuré par différenciation de sous-systèmes interactifs, l'ensemble seul devenant autonome.

IV. — La tentative hégémonique sur la planète. Ses limites

Toute espèce insérée dans un écosystème modifie son environnement, tant physique que biologique. Par ailleurs, chaque espèce vivante possède une potentialité de

1. On sait qu'un pays dit « en voie de développement », s'il est privé pour des raisons politiques de son couplage avec l'Occident, ne peut plus supporter sa déstructuration et s'effondre économiquement.

reproduction lui permettant de subsister en dépit des limitations et des agressions extérieures. Réciproquement, ces limitations et agressions sont nécessaires car, sans elles, la croissance de l'espèce irait jusqu'à la rupture du système – suite à laquelle elle-même disparaîtrait. C'est grâce à cette régulation permanente qu'aucune espèce de termite n'a (semble-t-il) jamais réussi à transformer la planète en termitière, ni n'a disparu pour cette raison.

L'espèce humaine a, pendant longtemps[1], été soumise à cette régulation systémique. Cependant, grâce à son développement cérébral et à son organisation sociale, elle a progressivement développé des moyens (techniques, médicaux, sociaux...) d'échapper aux contrôles naturels. Ce contournement des *feed-backs* a rendu possible : 1 / une *croissance* plus qu'exponentielle de la population humaine ; 2 / une mainmise sur la planète et la biosphère liée à d'une modification complexe (dite « anthropisation ») de l'environnement physique et biologique, coïncidant avec le *développement* des sociétés. Croissance et développement se sont ainsi trouvés associés, au lieu de s'exclure et d'alterner comme dans les écosystèmes.

Or, lorsque l'action et la prétention hégémoniques d'une espèce atteignent l'échelle planétaire, un saut qualitatif a lieu : l'espèce éprouve et découvre la *finitude* de son environnement. La Terre est de dimension finie, et nous l'avons aujourd'hui presque en totalité investie. Il n'est désormais plus possible de pallier une détérioration locale d'un écosystème par une expansion géographique ou par l'exploitation de ressources d'un type nouveau... sauf à conquérir d'autres planètes (ce qui ne semble pas, pour le moment, la solution la plus réaliste). En outre,

1. Si l'on représente le temps le long d'un axe, avec comme échelle de représentation 1 mm par millénaire, notre histoire depuis le Christ est représentée par 2 mm ; depuis le début du Néolithique, par 10 mm. Les débuts du genre humain sont à chercher à 3,50 m (les débuts de la vie sur terre, à 3,8 km) : pendant 3 500 millénaires, le primate *Homo* a été une espèce parmi bien d'autres, partenaire de quelques écosystèmes continentaux.

l'écosystème planétaire modifié par l'homme (en l'occurrence *simplifié* dans sa structure et sa diversité biologiques) perd la possibilité de se reconstruire à partir de fragments voisins non détériorés. La tendance actuelle – justifiée tant par la croissance démographique que par la recherche d'un niveau de vie meilleur – va dans le sens d'une anthropisation accélérée, transformant progressivement la planète en un immense *agrosystème*.

De ce fait, la biosphère a perdu sa faculté de riposter à l'espèce hégémonique : il n'y a plus de *feed-back* ; on atteint le point de rupture du système annoncé plus haut.

En guise de conclusion : responsabilité de l'homme

Une solution existe. Elle consiste en ce que notre espèce prenne en main le *feed-back* perdu – comme, dans un écosystème, les espèces vivantes prennent en charge les modifications nécessaires de leur milieu lorsque les facteurs physiques n'y suffisent plus. L'enjeu est l'édification d'un *système* {*homme/ biosphère*} persistant, durable.

Les moyens pour y parvenir sont nombreux : ils font l'objet de recherches, réflexions, congrès actuels – encore bien timides, il faut l'avouer, face à l'accélération et à la mondialisation de la course aux profits. Le défi à venir sera de les mettre en pratique malgré tout, privilégiant la durabilité du système sur les rentabilités à court terme.

Tel est le sens d'une « prise de conscience écologique » dépassant largement la lutte contre le bruit et la création d'espaces verts, et conduisant à réfléchir sur la dualité écologie/économie et les conditions d'un « développement durable ». La responsabilité de l'homme est désormais engagée, non pas vis-à-vis de la « Vie sur terre » (qui en a vu d'autres !), mais vis-à-vis de sa propre persistance en tant qu'espèce.

TABLE DES MATIÈRES

Imprimé en France
Imprimerie des Presses Universitaires de France
73, avenue Ronsard, 41100 Vendôme
Août 1999 — N° 46 371